ヒトの全体像を求めて

21世紀ヒト学の課題

川田順造［編］
大貫良夫 Onuki Yoshio
尾本惠市 Omoto Keiichi
川田順造 Kawada Junzo
佐原　真 Sahara Makoto
西田利貞 Nishida Toshisada

藤原書店

ヒトの全体像を求めて

21世紀ヒト学の課題

目次

ヒトの全体像を求めて

21世紀ヒト学の課題

序

二十世紀は、自然科学が急カーブを描いて発達し、かつてない規模で人類の諸部分が交わり、殺し合った百年だった。人類の総数も急増し、ヒト以外の多くの生物種を日々絶滅させ、ヒト自体が生存を続けるための資源の枯渇や、自然環境の破壊が、現実の問題になってきた。世界が不平等な国家の枠で覆い尽くされ、国家間でも国内でも貧富の差がはげしくなった。世紀末には自由競争経済が地球にはびこって、弱肉強食の原理が世界を支配した。

こうした状況で、六百万年来の直立二足歩行によって文化を生み、万物の霊長を自認したはずの生物である我々人類は、どこへ行こうとしているのか。その問いに向き合うには、二十世紀に細分化、専門化の度を強めた個々の科学はあまりに無力だ。自然史のなかに人類を位置づける視座が、ホモ・サピエンス「知恵のある人」と自らを名づけた現生人類であるヒトを全体としてとらえるトータル・サイエンスが、今ほど求められている時代もないのではないか。

人類学は元来、博物学、ナチュラル・ヒストリーの一部として十九世紀のヨーロッパに生まれた。日本でも、最初期の明治時代、人類学は坪井正五郎や小金井良精など博物学的関心をもつ人たちによって、まさにナチュラル・ヒストリーとして出発している。在野の志を貫いた南方熊楠も、博物学的人類学の巨人といえる。だが坪井が五十歳の働き盛りで急逝し、博物学としての人類学は、学会活動の場での求心力を失ってしまう。

その後、専門化細分化を遂げ、それぞれの領域で成果を挙げたのとひきかえに、人類学は原初の野太い精神と壮大な視野を失ったように見える。一九三〇年代の日本でも、人類について考える学問の統合を目指す「APE《エイプ》会」、つまり「類人猿の会」が、人類学（Anthropology）、先史学（Prehistory）、民族学（Ethnology）の心ある人々によって作られたことがあった。主だった面々は、岡正雄、須田昭義、古野清人、小山栄三、八幡一郎、山内清男、江上波夫だった。

二十世紀末には顕著になった、右に述べたような人類と人類学の状況に直面して、七十年前の先達の精神を、現在学問が到達し得た水準で取り戻す必要を痛感した尾本恵市は、早くから「新エイプ会」を提唱してきた。尾本（A）の呼びかけに応じて、「新エイプ会」の構想を精練しようと、志を同じくする先史学（P）の佐原真、民族学・文化人類学（E）の川田順造が集まり、もう九年前になるが、半日あまり熱っぽく話し合った。梅原猛の肝煎りで『創造の世界』一〇四号に発表されたその鼎談は、本書のI部として再録されている。

当代の快碩学佐原は、惜しまれつつあまりに早く世を去ったが、佐原も加わってともされた「新エイプ会」の松明《たいまつ》は消えなかった。その火を更に高く掲げ、人類が直面する諸問題を照らし出して徹底討論しようと、万障繰り合わせて集まったのが、尾本（Anthropology 自然人類学）、大貫良夫（Prehistory 先史学）、西田利貞（Primatology 霊長類学）、川田（Ethnology 文化人類学）である。四人が、二〇〇五年三月末のまる一日をかけて、果てしのない討論を、ある意味では子どもっぽい向こう見ずの精神で、むきになってくりひろげたのも、ヒトの全体像を求めて、自然史の視野に立つ総合の学としての人類学を探求しようという、共通の熱意に突き動かされたからにほかならない。そしてヒトの全体像を求める志の高さにおいて、この四人に引けを取らない藤原書店店主、藤原良雄が討論に同席し、刊行に全面的支援・助言を惜しまず、討論者と編集者がまる一年を推敲と編集に費やしたいま、本書は数々の重い問いかけをこめて、世に送り出される。

二〇〇六年三月　　川田順造

●APEの誕生

今から約十年ほど前に当時大学を出たばかりの年輩で広義の人類学に興味を寄する連中が相集り、互に智識の交換を行ひ啓発し合う会合を催したことがあつた。会名は人文研究会と称してゐて、会合の記録は「民族」に載つてゐる。その後、或る者は欧羅巴に碩学の門をたゝき、或る者は満蒙の野に彷徨し、また或る者は研究室に、夫々意を練り膽を鍛へること幾星霜。この間に会は熱心なるメムバー佐々木、森本、中谷の三人を引続いてこの世から失つたことは真に遺憾の極みである。

是近に至つて会員は再び東京に集るやうになつたので、新メムバーを補充して暫く途絶へてゐた会合を復活することゝなつた。会名は改めてAPEとなす。Anthropology, Prehistory Ethnology の夫々イニシアルを組合せたるものである。即ちまたイギリス語のエープに通じ、之人類たる形態を具へながら尚直立歩行し能はざること、恰も会員の多くが学成れども未だ立たざることを意味する。尤もメムバーの中には既に立派に人類化せるものもあるが、之は会のひそかに誇とするところである。

第一回集会を昭和十一年十一月二十四日本郷明治製果楼上にて開き、会は研究発表、海外学界近況紹介、新学説論文の解説などを安易なる真面目の裡になすを会の主方針とすることを決議した。メムバーは現在次の如し。

○古野清人、○岡正雄、○小山栄三、○横尾安夫、○須田昭義、○山内清男、甲野勇、○八幡一郎、○赤堀英三、江上波夫、駒井和愛（順序不同、○は第一回集会出席者）。メムバー以外にも会の雰囲気を乱さぬ限りは、出席してもらうことにしてゐる。毎月二十日に例会を催すことになり、最初の半年間は須田と赤堀が世話役を引受けた。（A・S）

『ミネルヴァ』一九三七年二月号より。A・Sとあるのは須田昭義か）。

I部

総合の「学」をめざして

［新エイプ会の提唱］

尾本恵市＋川田順造＋佐原真

メタサイエンスとしての人類学

尾本　われわれは「新エイプ会」の必要性を提唱しているわけですが、周知のように、一九三六年に江上波夫◎、岡正雄◎、八幡一郎、須田昭義そのほか何人かの人たちによって「エイプの会」というものが結成されたのです。それは当時、すでに人類学の中でかなりばらばらに専門個別化が進んでいて、そういう風潮にたいする反省というか、反撥から、若手を中心に始められた会だったようです。

　本来、人類学の基本には「文化をもつ動物」という概念がある。したがって、動物学とか史学の要素がふくまれているのですね。だから現在のように自然人類学と文化人類学にわけること自体がおかしいのです。ようするに形容詞なしの人類学でいいのですね。ぼくらが人類学を学んだときの教科書はルドルフ・マルティンの「レールブッフ・デル・アンソロポロギー」(『人類学教科書』)だった。その本の冒頭に人類学というのは「人類の時間的・空間的なナチュラル・ヒストリーである」と定義しているわけです。

佐原　博物学ということですね。

◎江上波夫
一九〇六―二〇〇二。考古学者、東洋史学者。東方文化学院研究員をへて東大教授。北方ユーラシアから西アジアにかけて現地調査を続け、アジア諸地域における民族形成と東西文化交渉の研究に尽力。一九四八年発表の「騎馬民族日本征服説」は有名。『ユーラシア古代北方文化』などの主著は『江上波夫著作集』(平凡社、一九八四―八六年)に収録。

◎岡正雄
一八九八―一九八二。民族学者。一九二五年から柳田国男の刊行する雑誌『民族』に協力。その後ウィーンで研究を

尾本　そうですね、だから人類学というのは自然科学と歴史科学が合体したような学問なんですね。もっともヒストリーということばは歴史学と限定して考えずに、たとえば物理学のような法則定律的な学問にたいして個別記載的な学問とも考えられます。

佐原　それはヘロドトス◎のヒストリーは歴史だけでなく地誌でもあるし、プリニウス◎のナチュラル・ヒストリーも自然のあるままを観察し記録したものです。

尾本　いずれにしても人類はひじょうに複雑な存在で、しかも歴史的な存在であって、かりに身体的な生物学的なことを研究するにしても、歴史性を抜きにしては考えられないわけですね。それからもう一つは時間的・空間的広がりという面です。時間的広がりというのはもちろん人類の進化の歴史であり、空間的広がりというのは世界中にいろんな民族がいて、それぞれが独自の文化をもっているということです。だから人類学はそういう意味での人類を対象にする学問である。つまり人類学というのはまず対象があって、方法論は二の次の学問です。

ですから、川田さんがいうように、人類学というのは基本的にメタサイエンスなんです。つまり専門分化した方法論で成り立っている学問、それをぼくはディシプリン科学と呼ぶのですが、それにたいして人類学は、本来、メタサイエンス的なものだったわけです。ところが、二十世紀にご承知のように学問が個々に専門化、細分化の方

続け、日本民族文化の形成をめぐって独自の文化理論を展開した。国内外で活躍し、民族学のオルガナイザーとして多くの若手を育成。『異人その他――他十二篇』（岩波文庫、一九九四年）、『民族とは何か』（井上幸治、江上波夫との共編著、山川出版社、一九九一年）。

◎ヘロドトス
紀元前四八五頃―四二〇頃。古代ギリシアの歴史家。〈歴史の父〉。旅行をして採録した知識を織り込み物語的に記述した『歴史《ヒストリアイ》』（全九巻）を残す。

◎プリニウス
二三―七九年。古代ローマの

向につっ走ってしまった。
人類は文化をもった動物でひじょうに幅広い存在だということはわかっているけれども、そんなことをいっていると一生かかっても結論は出ない。それである細かい専門分野で新しい発見をして論文を書こうという、そういう専門分野が発展したわけです。それによって二十世紀の学問、いわゆるディシプリン科学はものすごく進んだ。人類学についても形容詞つきの人類学がいっぱい出てきたわけで、その代表的なものが文化人類学であり、自然人類学なんです。

■エイプ会の背景

川田　石田英一郎◎先生が文化人類学ということをいいだしたときに、長谷部言人《ことんど》◎さんが形容詞のつく人類学なんてけしからんと、人類学・民族学連合大会の席上、白髯を震わせて激怒したのをよく覚えています。当時、ぼくはたしか大学院一年生で、連合大会というものにはじめて出てみたのでしたが、しかし長谷部さん自身も初めのうちは形質人類学なんていっておられた。

尾本　そうなんです。
長谷部さんの話はまたあとでふれることにして、エイプ会のことにもどりますが、江上波夫さんは自著『日本古代史』〔『江上波夫の日本古代史――騎馬民族説四十五年』大巧

博物学者、政治家、軍人。海外領土の総督を歴任する傍ら、厖大な数の典拠と項目数をもつ『博物誌』*Naturalis historia*（全三七巻）を著す。ヴェスヴィオ火山の大噴火視察の際、窒息死した。

◎石田英一郎
一九〇三―六八。文化人類学者。戦後、東大に新設された文化人類学コースの初代主任教授として総合人類学の教育に情熱を傾け、この学問の啓蒙・普及に寄与した学者の一人。戦前共産党員として逮捕され、出獄後の三四年に岡正雄・柳田国男と出会って研究を開始。ウィーンに留学して

社、一九九三年）のなかで次のようなことを書いています。昭和六年、「二度目の蒙古調査から帰った私は、当時、外務省の対支文化事業の一環として東京と京都に設立されていた東方文化学院◎の東京研究所に助手として勤めることになった」、それでその「前後、日本の各方面で時勢の変化の徴候がみられたが、学問の上でも若い学徒たちが中心になり、新しい気運が興ってきた。その一つの現れが、東洋史の若い研究者が音頭をとり、それに国史、西洋史のやはり若い学徒が加わって出来た『歴史学研究会』である」と。

そして「もう一つは、民族学、民俗学、それから社会学、宗教学、先史学、形質人類学、人文地理学などの若手研究者が、それぞれの専門領域の壁を取り払い、自由な討論・雑談から人類ないし人間の総合的な把握と研究の道を探ろうとする」そういう動きもあった。「これは『APE会（エイプ）』と名づけられた。APE会のAはアンスロポロジー（人類学）のA、Pはプレヒストリー（先史学）のP、Eはエスノロジー（民族学）のEで、われわれ若い学者は今はエイプ（サル）であるが、やがてはホモ（人間）になるのだという自負をこめて命名したものである。この会は民族学の岡正雄氏を中心に、人類学の須田昭義、宗教学の古野清人◎、社会学の小山栄三◎、先史学の八幡一郎、地理学の佐々木彦一郎らの諸氏によって推進されていた」と、こういうことなんです。

佐原　そのあたりのことについては、『ミネルヴァ◎』の一九三七年二月号の学界往来

歴史民族学に傾倒。文化人類学の基礎として、自然人類学や先史学まで含む視野をもつことの重要性を強調した。『石田英一郎全集』全八巻、筑摩書房、一九七〇—七七年。

◎長谷部言人
一八八二—一九六九。解剖学者・人類学者。戦後日本人類学会会長などを歴任。人類学に生理学的・理化学的研究を導入。主に日本人の起源を研究、連続説を提唱。『自然人類学概論』ほか（山口敏編・解説『日本の人類学文献選集・近代篇　第6巻』クレス出版、二〇〇五年に作品が収録）。

に記事がでている〔本書九頁参照〕。長谷部先生はエイプの会にこころよく思っていなかったんですね。

川田　寺田和夫さんの『日本の人類学』〔思索社、一九七五年〕によると、長谷部さんがエイプ会の人たちが学界を牛耳っていることがおもしろくなくて、それで結局、昭和十四年の連合大会は中止になったということですね。

尾本　とにかくエイプ会というのはわれわれ戦後の世代にもよく知れ渡っていましてね、まずエイプというのはいい名前だなあと。わかりやすくて、ユーモアがあって。そして人類学、民族学、先史学〔考古学〕というのは隣接学で、もともとは人類学という一つの学問だったんでしょう。それでなんでエイプ会がなくなったんだろうというので、いろいろ本を読んでみると、いまおっしゃったように長谷部先生ににらまれたようですね。長谷部先生が東大人類学教室にこられたのは昭和十三年、松村瞭さんの後任として東北大学医学部解剖学教室から転任してこられた。

それでエイプ会だけじゃなくて、東京人類学会と民族学会による連合大会も中止された。寺田さんによれば、「人づてに聞くばかりであるが、東大に赴任してきた長谷部が開催を好まなかったということがあったらしい」。そして民族学研究所の研究員のうち、杉浦健一、中野朝明が、「東大人類学教室に籍をおく関係から、主任教授〔長谷部〕の要請に従って研究員を辞した」という。

◎東方文化学院
義和団事件の賠償金によって外務省が、東京・京都・北京に設立した研究所。

◎古野清人
一八九九―一九七九。宗教人類学者。実証主義的学風によって原始宗教等の研究に尽力。『古野清人著作集』全七巻、三一書房、一九七二―七四年。

◎小山栄三
一八九九―一九八三。社会学者。新聞学・人口問題研究を専門とし、戦後は総理府国立世論調査所長として世論調査を日本で初めて実施。『新聞学』三省堂、一九三五年ほか。

◎『ミネルヴァ』
甲野勇編集の原始文化・人類・考古・民族学の総合誌。一九三六―三七年。

佐原　それで、ひとつ確認しておきたいのは、そのエイプ会ができたときの主要メンバーの年齢です。

川田　みんな若いですよ。岡正雄先生の還暦が一九五八年だから、逆算すると三十八歳ですか。

尾本　エイプ会ができたのは昭和十一年です。十二年という説もありますが。

川田　一九三六年だから岡さんは当然ウィーンから帰っていた……。

尾本　寺田和夫さんの『日本の人類学』の第四章の「昭和時代」のところを読んでみます。一九一三年に、坪井正五郎◎さんが学会参加中にモスクワで客死するわけでね、それで「坪井の死以後、大正末から昭和三年くらいまで、日本の人類学はふたたび活気を帯びてきたようにみえる。人類学雑誌に小金井◎〔良精《よしきよ》〕や長谷部が健筆をふるい、清野◎〔謙次〕たちが統計学の論文を多数書き、古畑◎〔種基《たねもと》〕が血液型学をひっさげて登場する、などということもその印象を与える一つの原因である」。小金井、長谷部、清野、古畑なんていうと、われわれの自然人類学のほうでは、そうとうな偉い人たちがここで出てきたんだなという感じですね。

「久しい沈黙を破って足立文太郎の大著が現われるのもその一つである」。足立文太郎というのは例の耳垢とわきがの遺伝的関係を見つけた京都大学の解剖学教授で、この人は骨ではなく軟部組織（血管、筋肉、内臓など）による人類学の草分けです。それ

◎坪井正五郎
一八六三―一九一三。日本の人類学の創始者。一八八四年に人類学会を創設。草創期に、日本原住民はアイヌ伝説のコロポックル族であるという説を発表し、のちアイヌ起源説を唱える小金井良精と論争。人類学は「人類の本質・現状・由来」の究明を目的とする「人間の理学」とし、日本考古学のみならず人類起源、エジプトや新大陸古代文化の研究等、精力的に活動し人類学の基礎を築いた。ペテルブルグの万国学士院連合大会に出席の折、客死。著書『看板考』一八八七年、『坪井正五郎集』築地書館、一九七二年ほか。

から、「若手の学者たちが集まって人文研究会」というのができたそうです。これに「（考古学の）八幡一郎、甲野勇、宮坂光次、森本六爾、中谷治宇二郎、赤堀英三、江上波夫」、それから自然人類学では、須田昭義。それから「民族学の岡正雄、宮内悦蔵。人文地理学の佐々木彦一郎、社会学の小山栄三ら」が集まって、「昭和十二年にエイプ会を組織して、月例会を開くことになったというのも」、その活性化の一つのあらわれである。一方、「海外へは大谷光瑞《こうずい》◎のアフガニスタン探検、長谷部らのミクロネシア調査」、それから、京城大学に宗教学・社会学教室ができたり、台北大学に土俗学教室が設けられたりした。

ですから、大正末から昭和の十年にかけて、かなり新しい動きがあったわけです。つまりそれまでの坪井さん式のなんでもかんでもごちゃまぜの人類学ではなくて、一人一人が専門を持って、いわゆるディシプリン科学を総合するようなかたちで、エイプ会が結成されたのです。

寺田さんによると「それは坪井時代の総合的姿勢、つまり間口の広さを、学問全体が持ち、また研究者それぞれが持っていたのとは違って、専門がはっきりし、素人の発言しがたい高度のレベルのものになってきた」と。たしかに明治時代の『人類学雑誌』を見ていると、今の邪馬台国論争のように、だれでも発言できるといった感じですね。

佐原　そうですね。坪井正五郎さん自身が『看板考』（一八八七年）を書いたり、今

◎小金井良精
一八五八―一九四四。解剖学者・自然人類学者。日本人の起源をめぐる坪井正五郎との論争では、アイヌこそ縄文文化の担い手と主張。骨格、歯牙などの人種解剖学的研究で先駆的な業績をあげる。著書『日本石器時代の住民』一九〇四年ほか。妻は森鴎外の妹、孫は作家の星新一。

◎清野謙次
一八八五―一九五五。微生物・病理学者。縄文人の骨格計測、統計学的分析で日本人を研究。

◎古畑種基
一八九一―一九七五。法医学

和次郎◎的なところがあります。また上野公園に立っていると和服の人が何人通ったとか調べている（「風俗測定成績及び新案」『東京人類学会雑誌』二八号、一八八八年）。しかしそれは当時の東京の人々の服装についての資料としては今や貴重なものなんです。

尾本　たとえば南方熊楠◎のような巨人、つまり一人の人間でなんでもかんでもやっちゃうという人が出たのも、やっぱり明治という時代の特徴なんでしょうね。

佐原　シルベスター・モース◎もそうですが、それはナチュラル・ヒストリー、博物学なんです。ところが一方で博物館、ミュージアムを博物館と訳してしまった。それで博物博物館とはいえなくなったのです。アメリカ、ドイツではナチュラル・ヒストリー、ナトゥーアゲシヒテということばがありますが、日本ではそれを自然史と訳してしまったために意味がまったく変わってしまった。本来の博物学は動・植・鉱物・地理や人類学や考古学や歴史学などすべてを含んでいるのですが、それが分化し、分解しちゃって。

尾本　学問が進んでくると、ある専門分野のことだけ勉強しないと、なかなか抜きんでた研究はできないということで、分化していったわけですが、そういうことが日本では大正から昭和の初めにかけてみられる。エイプ会がつくられた背景にそういう事情があったのです。

佐原　その傾向は現代はさらに顕著です。たとえば考古学の場合だと、「私は長野県

者・遺伝学者。血清学の権威。警察庁科学警察研究所長も務め、帝銀事件の毒物鑑定や下山事件の他殺説の主張などでも知られる。『法医学ノート』中公文庫、一九七五年ほか。

◎**大谷光瑞**
一八七六―一九四八。真宗本願寺派第二十二世法主。仏教家・僧侶・探検家。幼少時より仏典を学び、英国に留学。一九〇二年西域・インド探検隊（大谷探検隊）を編成、現地で仏跡を調査。その後数度の探検隊派遣を行い、教団の近代化、南洋での農業経営、機関誌の発行等を続け、第二次大戦中は近衛内閣の参議を務める。戦後は公職追放。

◎**今和次郎**
一八八一―一九七三。考現学・生活学を提唱。

の縄文中期の土器をやっています」とか、「私は古墳の濠をやってます」ということになっています。

川田　東大に総合人類学の学科を初めてつくった石田英一郎先生は、河上肇◎を慕って行った京都大学の経済学部を、治安維持法違反で逮捕されて中退した。それでウィーンに行って、いわゆるドイツ・オーストリー流の比較民族学を学ばれて、戦後はアメリカでアルフレッド・クローバー◎に傾倒した。

■分化と総合のダイナミズム

川田　だからぼくも文化人類学科に進学すると、まず一年先輩の人たちと一緒に、学生だけでクローバーの『アンソロポロジー』を読まされました。それはまさに形容詞なしの人類学で、自然も歴史もすべてを含むものです。石田先生はご自分が十分な人類学の教育を受けられなかったから、次の世代にできるだけ完璧な教育制度をつくろうとされたようで、そのことはたびたびお書きになっています。当時、文化人類学という学問はほとんど知られていなくて、新設二年目のぼくの学年で進学したのはぼく一人。ですからなんともぜいたくなミニ・プロ教育で、自然人類学の実習など須田教授に新任の寺田助手、つまり先生二人に学生はぼくが一人でした。だからぼくが行かないと休講になってしまうし、おくれて行くと先生が二人煙草を吸って待っておら

◎南方熊楠
一八六七―一九四一。民俗学・博物学者。幼少より学問に親しみ、二〇歳の渡米から一五年間、海外で研究生活を送る。菌類・地衣類の採集、生物的学研究に励む一方、考古・人類・宗教学文献を読破、南方学と呼ばれる独自の民俗学を形成。『南方熊楠全集』全十巻、平凡社、一九七一―七五年。

◎E・S・モース
一八三八―一九二五。アメリカの博物学者。一八七七年に来日し、東大理学部動物学生理学初代教授に二年在職。日本で初の考古学的発掘を実施

れる。

学部でも、実習を含めて自然人類学の勉強はずいぶんしたし、大学院では尾本さんたち理学部の人類学卒の人たちとまったく一緒のゼミに出て、鈴木尚《ひさし》◎先生のゼミではあのワイデンライヒのシナントロプスの骨についての精密な論文を読んだり、須田昭義先生のゼミではジェネティック・ドリフトの論文を読んだり、山内清男《すがお》◎先生の、紙のこよりでいろいろなより方の「縄」をつくって、粘土の上に転がして異なるタイプの「縄文」を自分でつくらせる、あの有名な実習講義も受けました。自然人類学教室の山口敏さんや佐倉朔さん、遠藤萬里さん、尾本さんなど、そういう人たちとの交流のなかで、自分の学問をつくってこられたことを、ぼくは幸せだと思っています。

一つには、戦後の世代の中でも、ぼくたちのころは、やぶ医者でおれたということです。どういうことかというと、いまの若い研究者はみんな大病院の専門医なんですよ。それぞれ確立された自分の専門分野を持っている。ぼくの時代はやぶ医者で、アフリカの、日本大使館もない国で、日本人としてはもちろん、人類学者としても初めて入った地域での調査をやってきたわけです。そして手探り、自己流でなんでもかんでも調べた。ぼく自身もともと生物学志望で博物誌的な興味が強かったのですが、やぶ医者的になんでもやった。最近の研究者はぼくたちが到達したところから出発できる。それが学問の進歩というものだと思います。はじめから限定された専門的なテー

し、大森貝塚を発掘。ダーウィン進化論の紹介など、日本の近代科学導入に貢献した。その日本滞在記は文明開化期の日本の民族誌として貴重(『日本その日その日』石川欣一訳、平凡社、一九七〇年ほか)。

◎河上肇
一八七九―一九四六。明治〜昭和期の代表的社会主義者。

◎A・クローバー
一八七六―一九六〇。アメリカの人類学者。考古学、言語学、民族誌、文化論など幅広い分野で活躍。ボアズ(本書一七五頁)の弟子で、自身多数の学者を養成、博物学に強

マを選んでやっているわけですね。

尾本　マニュアルがあるんですよ、いまは。

川田　だから成果を上げるのは早いわけ。テーマを設定して自分の仮説を立てて、比較的短期間の調査で効率よく資料を集めてくる。

佐原　やぶ医者という表現はやや不適切だと思います（笑）。いうならば町医者ですかね。

尾本　専門医じゃなくてなんでもこなす。

佐原　なんでも、こなすんですから、落ち度はあるかもしれない。しかし心臓を診ていても肺との関係や胃との関係も診ているわけです。しかしいまのように細分化して精密になってくると、医学の実情は知りませんけど、わかりやすいので医学にたとえていうならば、心臓の専門家ということになって、肺や胃との関係、つまり体全体として診るということに不得意になってくるのですね。

川田　けれども、石田先生が理想とした自然人類学や先史学、言語学も含めたジェネラル・アンソロポロジーは、創設期の先生方や学生がいなくなると、結局消滅した。

尾本　東大に総合人類学科をつくろうという動きがあって、たしか、南原繁◎総長の下に懇談会もできてたんですが、どういう理由かわからないけれど、立ち消えになったんですね。それで、理学部の自然人類学と、それから教養学科の文化人類学はだん

い関心を持ちカリフォルニア、ニューメキシコ、メキシコ、ペルーなどを調査した。社会進化論に反論する「超有機体論」を唱えた。『様式と文明』（堤彪・山本証訳、創文社、一九八三年）ほか。

◎**鈴木尚**　一九一二―二〇〇四。自然人類学者。四五年日本人類学会会長。『日本人の骨』（岩波新書、一九六三年）『化石サルから日本人まで』（岩波新書、一九七一年）ほか。本書六六、二〇七ページも参照。

だん疎遠になっていった。

■魅力的なエイプ会の人たち

尾本　すでにいくつかエピソードが紹介されましたが、われわれ三人とエイプ会のメンバーの人たちとのかかわりあいについて話したいと思います。

私が東大の人類学教室へ学生として入ったのは昭和三十二年です。当時は鈴木尚先生が主任で、人類学はまだ一講座でした。鈴木尚先生は有名な人骨の研究家で小金井良精先生のお弟子さんですが、とにかく人骨がお好きで、鈴木先生の部屋には人骨がうずたかく壁に積んであった。私は鈴木先生の写真係みたいなことをやっていたのですが、あるとき「すごい美人の写真、撮ってくれ」という電話があって、ぼくは喜び勇んでカメラをかついで行きましたが、美人なんかいない。「先生、どこに美人いるんですか」といったら、「これだよ」とおっしゃって、頭蓋骨の写真を撮らされた。

当時、驚いたのはとっくに定年退官されているはずの長谷部言人先生が「人類の進化」という講義をされていたことです。それで鈴木先生は人骨の解剖学的な講義をされ、須田先生は人種論の講義です。

それから講師で山内清男さんがいた。山内さんは縄文土器の区分を決められた、たいへん偉い先生なんだけれど、ものすごい変わり者でした。私たち学生は授業そのも

◎山内清男
一九〇二―七〇。考古学者。雑誌『先史考古学』を発行。縄文土器の型式学的研究。『日本遠古之文化』ほか（山口敏編・解説『日本の人類学文献選集　近代篇第8巻』クレス出版、二〇〇五年に作品収録）。

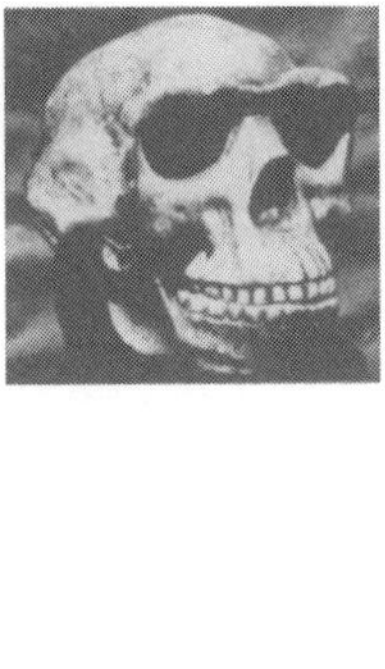

のというより、先生たちのユニークさに惹かれて授業に出ていた。そんな状況でした。

佐原　戦後の一九四七年の十一月に日本人類学会が「中学生のための人類学講座」というのを九段中学で開いた。長谷部言人・山内清男・八幡一郎・鈴木尚・渡辺直経・酒詰仲男・和島誠一・中島寿雄というすごいメンバーで、発掘の実習もありました、文化財保護法◎以前ですから。それの抽選に私、当たって、千葉の新屋敷貝塚へ行ったんですね。いま東京を発掘すると、戦災の焼けた層がある。さらに掘っていくと関東大震災の焼けた層がある。さらに掘っていくと、明治の政変のときの焼け層があるというとてもわかりやすい話。それで、千葉の貝塚の発掘の帰りに、山内さんから「こんどの土曜日おいで」と。それで、「君、練馬だったらサツマイモ買ってきてくれ」って。それで彼のところへ通い始めるんですね。当時、ご家族は仙台に疎開して、山内さんは自炊しておられた。彼の部屋のガス台の上で大きな鍋で牛の大腿骨を煮てラード取ったりされていた。そしてその部屋で東大の人類学の学生の講読につかっていたバーキットの『オールド・ストン・エイジ』◎を勉強したり、土器を洗ったりしていた。

話が戦時中のことになりますが、東大が所蔵している資料を岐阜へ疎開したんですが、土器の入っていた木箱に貴重な本を詰めて運ぶわけですね。それが戦後、東大にもどってきて、山と積んである土器を整理するわけですが、山と積まれた土器を全部分類して整理し、そして写真を撮るという基本的な作業を山内さんがされた。私もア

◎南原繁
一八八九—一九七四。政治学者・歌人。戦前はリベラルな東大教授として軍部に抵抗。戦後最初の東大総長として、占領下での学問の独立を主張した。『南原繁著作集』全十巻、岩波書店。

◎文化財保護法
一九五〇年交布。「文化財を保存し、且つ、その活用を図り、もつて国民の文化的向上に資するとともに、世界文化の進歩に貢献すること」を目的とし、有形文化財、無形文化財、民俗文化財、記念物および伝統的建造物群などの分類を設けた。これによって、文化財は保存のための管理や種々の保護策の対象となった。

◎M. C. Burkit, *The old stone age : a study of palaeolithic*, Camb. U. P., 1933.

ルバイトとしてそのお手伝いをしたわけですね。

　ところがある日、その山内さんのところへ長谷部さんというおじいさんが来るという。山内さんは朝からもうそわそわ、そわそわ。山内先生にとって長谷部さんはほんとにこわい人だったんですね。長谷部さんが東北大学の解剖学の教授だったときに、山内さんは無給の副手だった。だから「石器時代に稲あり」という論文は、山内さんの書かれたものに長谷部さんが手をいれたものです。それを山内さんはひじょうに不服に思っていたのですが、山内さんのオリジナルの文と読み比べると長谷部さんが手を入れたもののほうがいいですね。山内さんは長谷部さんのもとにいるのがいやで副手をやめてしまう。小金井良精さんにも相談にいった。やめて文房具屋をやろうとして、日本で初めて横書き原稿用紙をつくったりしますが、失敗します。

尾本　山内先生の部屋とわれわれの学生室が隣りあっていたので山内さんとは親しかったのですが、おもしろい先生で、またものすごくうたぐり深いんですね、あの人は。

佐原　疑い、確かめることなしには土器の編年はできませんから。

尾本　当時、一九五〇年代の後半は遺伝学の大発展の時代なんですね。ワトソンとクリックのＤＮＡの二重螺旋モデルの論文が一九五三年に『ネイチャー』誌に載るわけですよ。そして一九六二年にノーベル賞を取る。そういう時代なので、ぼくはこれからは遺伝子の研究だと予見して、あるとき、遺伝学を勉強して遺伝学を人類学に持

□佐原　真

一九三二年大阪生まれ。日本の考古学の第一人者。幼稚園のとき土器片を拾い、考古学への関心をもつ。大阪外国語大学ドイツ語学科をへて、京都大学大学院で考古学を専攻。奈良国立文化財研究所に勤務後、国立歴史民俗博物館に移り、一九九七年より館長を務める。関連諸学に幅広い視野をもち、専門的知見をつねに現代の生活と結びつけ、一般にも分かりやすく伝えようとした。二〇〇二年七月十日、惜しまれつつ逝去。二〇〇五年、『佐原真の仕事』全六巻が岩波書店より刊行された。

ち込みたいといったんですよ。そしたら長谷部先生にこっぴどくしかられた。長谷部先生の人類進化のお考えにはかなりラマルキズム◎的なところがあって、ようするに労働が人間の形を決めていくんだ、つまり、いろんな作業によって人間の体の形は決まっていくんだという。ところがそれだけでは不十分でぼくはダーウィン流の考え方が人類学にも適用できるだろうと考えていました。長谷部先生は人類がいかに変化するかということが人類学の研究テーマだとおっしゃって、遺伝というのは変わらないじゃないか、親と同じものが子どもに生まれる。だからこれは人類学とは関係ないと、こういう論法で猛烈にしかられて、ちょっとしょげてた時代があるんですよ。そのときに山内さんがなんとぼくのところへ来て、「私も若いときじつは遺伝学をやりたかったんだ」というんですよ。

佐原　よくわかる。山内さんはね、ダーウィンの『種の起源』を十五歳のときに読んでます。それで彼は人類遺伝学を志すのですが、長谷部さんにノーといわれるんです。

尾本　そうですか。結局、私は日本を飛び出してドイツで遺伝学を学んできたわけです。それで今では分子人類学の草分けの一人なんていわれてるわけですが、私は分子人類学で人類のストーリーが完結するとはぜんぜん考えていない。これは人類学のごくごく一部のディシプリンなんです。だから、ぼくは考古学にも、民族学にも関心をもっています。

◎ラマルキズム
フランスの博物学者ラマルク（一七四四―一八二九）の進化学説をもとにした思想。ラマルクは小胞状の原始生物が無機物より自然発生し、それ自身の可能性で発達していく（前進的発達）一方、獲得形質の遺伝が加わり、生物界の多様性は両要因による進化で成り立つと考えた。

佐原　国立歴史民俗博物館◎の宣伝になりますが、私どもの博物館は考古学と民俗学と歴史および関連諸学の総合の学をめざしているわけです。もう細かく分かれているだけではとてもだめで、やはり総合しなければ全体像が見えてこない。山内清男さんは土器をひじょうに細かく分類されて時代区分をされたけれども、まとめることも大切だと。つまり両方やらなければならない。さっき川田さんがいわれたように医学を例にとるといちばんわかりやすいのですが。

川田　経験を積んだ町医者が総合的に判断して診断をくだすのと違って、いまは検査、検査でたらい回しにされているうちに、手おくれになることがよくあるわけですね。

尾本　川田さん、この際教えてください。このごろ、文化人類学というのが私にはだんだんわからなくなっているんです。石田英一郎先生の文化人類学だと、ははあなるほどこれは人類学だなというふうによくわかったのですが。

川田　つまり細かくなったから全体が見えないということでしょうね。それに文化人類学というのは、とくに日本の文化人類学はずいぶん流行に左右されるんですね。ぼくが学生の頃からでも、文化とパーソナリティ◎、親族論◎、新進化主義◎、構造主義◎、象徴論◎、認識人類学◎……。だけれども、ほんとうにオリジナルな、世界に向けて発信できるものはなかなか育たない。日本の学問全体の特徴かもしれませんが。

話題をかえますが、これまでお名前の出てきたエイプ会の人たちと、ぼくの場合は

◎国立歴史民俗博物館
一九八一年設置。日本の歴史資料・考古資料および民俗資料の収集保管、公衆への供覧、歴史学・考古学・民俗学の調査研究を行うことを目的とした、国立大学共同利用機関。千葉県佐倉市にある。

◎文化とパーソナリティ
一九二〇年代アメリカの文化人類学に端を発し、その後戦後に至るまで広く展開された問題設定。個人のパーソナリティに影響を及ぼす文化の概念を、精神分析や心理学を応用して統計的に把握する。

◎親族論
十九世紀モルガンの、単一の発展段階に結びつけた親族論・親族名称論である『古代社会』は、エンゲルスなどの社会思想の基盤になった。この発展段階説は、二十世紀前

ほとんど全部個人的に接触があって、そのうちの多くの先生には教室で教わったわけです。岡先生はじめ須田先生それから山内先生、八幡一郎先生、江上先生……。古野清人先生には大学では教わらなかったけれども、ぼくがフランスの社会学、人類学に関心をもっていたためもあって、お宅へお招きいただいたりして、個人的にずいぶん薫陶を受けた。今、思いかえすと、どの先生にも、二人がおっしゃったように幅の広い、ある意味でルネッサンス的な人間像を感じますね、それは時代の要請でもあったのかもしれない。エイプ会というのは会合を開いたけれども、文字にする形では何も残してないですね。一種のサロンというか、場をつくったんですね。そしてそれぞれの人がそこでいろいろアイデアとか養分を得て、それぞれが育っていった、そういう場だった……。

尾本　そう。だから学会じゃなくて、サロンですね。

■身体技法——総合研究の可能性

川田　ぼくもそういう場がいまとても必要だと思うのです。それで数年前から自然・文化人類学懇話会というのをつくって、香原志勢《ゆきなり》◎さん、山口敏さん、原ひろ子さん、富田守さん、森下はるみさん、芦澤玖美さんなどのご協力をいただいて何回か懇話会をもちました。しかし学会にはしたくない。組織をつくると、かならず組織悪が出て

半のローウィ、戦後のマードック等の広汎な資料に基づいた親族論によって批判される。とくに一九四九年同時に発表されたマードックの『社会構造』とレヴィ＝ストロースの『親族の基本構造』が、人類の文化、社会を考える上で親族を重視する立場におよぼした影響は大きい。（以下、「認識人類学」の項まで川田注）

◎新進化主義
十九世紀のタイラー、モルガンを始めとする一線的進化主義、つまり人類全体に共通する単一の文化・社会の発展段階があるという考えは、二十世紀に入って、アメリカのボアズやその後継者たちによる、地域別実証主義、文化相対主義などの立場から否定された。しかし一九四〇年代終わり頃から、同じアメリカで、ホワイトのエネルギー消費を

くるから、あくまで口コミでこじんまり、気楽にやっている。この会でたとえば「共進化」というテーマで青木健一さんや内堀基光さんにお話をいただいて議論したこともあります。これはその懇談会での議論をもとに、あとでぼくが青木さんに話したのですが、たとえば婚姻規則について、レヴィ＝ストロース◎が理論的枠組みとして提示した限定交換と一般交換で、交差イトコ婚でも母方の交差イトコ婚と父方の交差イトコ婚では、遺伝子の流れが違ってくるんですね。母方の交差イトコ婚の場合にはいわゆる一般交換という形で広い範囲にどんどん遺伝子が流れていきますが、限定交換の場合は二つの集団の間で遺伝子がお互いに行ったり来たりする。つまり婚姻の規制によって遺伝子の流れじたいも規制されるわけです。だからこういう場合には文化と自然の両方から問題を見ていくことができると思うのです。

ぼくもじっさいに自然人類学と文化人類学の共同調査を西アフリカでやってきました。ぼくはとくに身体技法、つまり文化によって条件づけられた体のつかい方というものに興味をもっていて、それを研究するうえで、とにかく西アフリカの黒人の体型がどうなっているかという、基層的なデータをえるために芦澤さん、足立和隆さん、楠本彩乃さんなど生体計測の専門家に加わってもらって、生業形態や住んでいる地域のちがい――森林地帯とサバンナ――などを考慮して、すでに男女三一七個体の計測と前屈テスト、蹲踞《そんきょ》テストなどをしています。同時に、生業や技術、道具など物質文

規準とする新しい普遍進化主義、スチュワードの多系進化主義が現れた。その後、一般進化と特殊進化を区別するなど、社会の進化の概念をより多元的・実証的に検討しようとする主張が、ホワイト門下のサーヴィスやサーリンズによってなされた。古典的進化主義が否定されたあとの、新しい進化主義の諸学説が、しばしば新進化主義と総称される。

◎構造主義
一九五〇―六〇年代にレヴィ＝ストロースが、構造主義を文化研究の新しい方法論として提出し、サルトルとの論争などを通じて、フランスを中心に、人類学の分野を超えた影響を広く思想界に及ぼした。文化現象のなかに見出される、変換可能な構成要素のあいだに構造的な関係を発見

化の調査もやる。この成果はフランス語と英語で、一部日本語でも発表して反響をえています。生体計測と文化の研究の共同調査で、これだけの個体のデータをとったのは世界でもはじめてです。つまりベーシックな文化と人間の体のつかい方の特徴を総合的に考察したいと思ったわけです。

尾本　それがまさに長谷部さんがいちばんやりたかったことです。それを文化人類学の川田さんがやっているわけですよ。

川田　それととくに身体技法と関係して、歩き方の問題ですね。歩き方も身体技法の一種で、文化によって違うのです。さらに言語の構造、音楽的な感性の問題なども、リズムを媒介として、人類学者がよく歩容と呼んでいる、文化によって条件づけられた歩き方とは関連があるわけで、モデルをいくつか設定して、これらの問題を考えようとしているのですが、これも自然と文化の重要な接点になると思います。それから反射的忌避感の問題。つまり、何を気持ち悪いと感じるかということです。この問題は歴史学とくに社会史の人たちも、最近ずいぶん関心をもっています。たとえば日本人はスリッパをはいてたたみの上を歩いたり、ましてふとんの上にあがったりすると気持ち悪いと思う。しかしそれが同じように廊下や板の間を歩いたあとでも、裸足とか足袋だったらなんとも思わないわけで、それはなぜかという問題。それから、たとえば個人ごとに湯をかえない日本式の風呂は、西洋人は耐えがたく気持ち悪いと

することを眼目とする。通文化的な比較や、文化の深層にある普遍性の発見に有力な方法であるが、文化の反構造的な側面への注目が欠落しているという批判もある。

◎象徴論
文化を人間のさまざまな営みの象徴においてとらえ、分析しようとする立場で、記号論の方法と通底する面が大きい。文化人類学は、多かれ少なかれ文化象徴論の要素を含んでいるともいえるが、とくに神話、儀礼、演劇などの研究において、言語学、音楽学、図像学、舞踊学、宗教学など、象徴を主な対象とする文化研究の諸分野とも連携する、鋭利な分析をなしうる。ターナー、ダグラス、ニーダムなど、とくに一九六〇年代以降イギリスの人類学者が多彩な研究を展開し、日本の学界に

思う。そういう反射的な忌避感の問題などもやはり自然と文化の両面から考えていきたいわけです。

尾本　それは結局学際科学としての人類学ということですね。いまの川田さんの話は、現代人についてですが、そこに考古学、エイプという三つの要素が入ってくると、ますますおもしろくなるわけです。

佐原　そういうことです。

歩き方の問題ですが、日本人は絵画資料によるかぎりは、右手が出ると右足が出る、左手が出ると左足が出るという歩き方をしていた。徳島の阿波おどり、それから古武道、相撲もみなそうです。ただし人類学の香原志勢さんは、絵空事だと否定的です。

それに馬の乗り方が日本は右から乗っかっていたんですね。

川田　西洋と逆なんです。

佐原　それが明治時代に西洋式に変わるわけですから歩き方も明治に変わったとしたらおもしろい……。

川田　「ゆんで」つまり左手で弓を持つために、馬に乗る側が逆になるわけですね。日本の弓は世界に類がないくらい大型でかさばります。馬に乗るとき手綱をつかむ手は「めて」、つまり馬の手で右手になる。十六世紀のルイス・フロイスの記録にも出てくる。

も大きな影響を与えた。

◎**認識人類学**
人間が世界をどのように認識して、多様な文化をつくりだしているか、動植物、色彩、病気の分類など、いわゆる民俗分類、民俗範疇を、研究者の分析概念と対比するという、異文化を対象とする人類学者が、程度の差はあれ行ってきたことを方法的に整理した研究領域。一九五五年にアメリカのコンクリンが発表した論文「ハヌノオ語の色彩範疇」が一つの出発点となり、すべての人類学者がかかわりうる領域なので、日本人研究者にも急速にひろまった。認知のあり方をさらに理論的に深めた研究もなされている。

◎**香原志勢**
一九二八―。人類学者。日本顔学会会長。『人類生物学入

佐原　クリスチャン・トムセン◎も書いていますが、私にとってはどこまでさかのぼるかが問題なんです。つまり騎馬民族説との関係がありますから。中国は完全に西洋と同じで左から乗っかっている証拠があります。

　川田さんの身体技法の問題は考古学とも大いに結びつきますね。たとえば同じ弥生の人骨でも、九州の沿岸部の人たちは腕の骨が太い、櫓を漕いでいたから。中国の戦国時代のお墓で、王墓に若い女性の骨が殉葬されているのですが足が太いのです。ダンサーだろうといわれています。

川田　運搬や作業姿勢で日本の場合は腰がひじょうに大事なんです。だから櫓なんかまさに腰で漕ぐわけ。だけど西洋のオールは腕で漕ぐ。

　それから運搬の場合も日本は棒をつかった肩運搬の場合はちょっと上体をかがめて、腰で調子をとる。それにたいして西洋の場合は腕運搬です。それから背中で背負う場合も西洋は重心を高くして肩の力で背負っちゃうんです。だから西洋の籠は底が細くなっていて、重心が高くなっている。日本の場合上体をかがめ膝をかるく曲げて、腰で調子をとるわけですから、大まかな歩き方の分け方をすると、日本人の、下駄や草履の歩き方にも合う膝歩行と、カッカッと長い足をのばして蹴り出すように歩く、皮靴と西洋人の体型に適した腰歩行ということになります。木靴での歩き方をどう考えるかというのは、まだ残された問題ですが。この歩き方とたぶん関連すると思うので

門』中公新書、一九七五年ほか。

◎**C・レヴィ＝ストロース**　一九〇八―。フランスの文化人類学者。構造主義の指導的人物。親族組織を女性交換のシステムとして解明、さらに南北アメリカ・インディアンの神話研究において隠れた「構造」を描出。『野生の思考』（大橋保夫訳、みすず書房、一九七六年）『構造人類学』（荒川幾男ほか訳、みすず書房、一九七二年）『レヴィ＝ストロース講義』（川田順造・渡辺公三訳、平凡社ライブラリー、二〇〇五年）ほか。

（川田撮影）

すが、ヨーロッパでは把手のついた籠が発達している。しかも把手が構造上も籠の一部としてできているわけで、ひじょうに丈夫です。こういう籠は日本にはなかった。

尾本　それに頭上運搬がありますね。

佐原　日本の埴輪が頭上運搬ですが、絵巻物に、そして大原女《おはらめ》◎に残るだけです。なぜ消えたのか不思議ですね。

川田　頭上運搬はアフリカの多くの地域ではまだ一般的です。ヨーロッパでもかなり多いですよ。日本でなぜ消えたかというほうがむしろ問題になりますね。

道具の使い方として、のこぎりがありますが、法隆寺の時代に日本に入ってきたのこぎりは、「木の葉のこ」といって両側に引けるんです。それがだんだん引くほうだけに日本では固定されます。ところが、朝鮮半島や中国も全部押すほうです。

佐原　日本ではのこぎりでもきりでも複雑な枠や把手をはずしてしまうのです。日本人は少しでも手に密着して道具をつかいたがるということで説明できると思います。

川田　のこぎりについてはぼくは神戸にある竹中大工道具館に通って調べました。当時副館長で、のこぎりにくわしい嘉来國夫さんにもいろいろ教えていただきました。私はヨーロッパと対比してみて、身体技法の面から第一には作業姿勢の問題があると思うのです。日本の場合は平座位というか、床面に尻をつけた形で作業する。そうすると、押す力は入りにくい、引くしかないんです。それにたいしてヨーロッパの場合

◎C・トムセン
一七八八―一八六五。デンマークの考古学者。先史時代の遺物を整理する際、時代の用具の素材の変遷に着目、石器時代・青銅器時代・鉄器時代の三期区分法を初めて提唱した。

◎大原女
平家滅亡後の文治元年（一一八五）、平清盛の娘・建礼門院徳子が京都大原の寂光院に入寺したが、そのとき仕えた阿波の内侍が、柴を束ねて頭上にのせ、遠く離れた京の町へ売り歩いていた故事から、その姿が大原女として現在に伝えられる。

は全部立って作業する。

佐原 それはローマ以来ですすね。

川田 それに押したほうが一時に強い力が入るけれども、それだけのこぎりの歯の強さが要求される。ところが、日本では古い時代には中国山脈など、原料の砂鉄の産地が限られていて、良質の鋼がたくさんとれなかったので、薄い歯で何度も引くよりしかたがなかった。嘉来さんはとくに、この鉄の原料の乏しさから、日本の引くのこぎりの由来を考えようとなさっています。それから木の質の問題ですね。日本の場合はスギとかヒノキなどの針葉樹ですから、ひじょうに柔らかい。それにたいしてヨーロッパの場合はカシとかブナとかかたい材質なので、引いていたのでは切れない。だからいろいろな側面がありますが、ぼくは基本的には作業姿勢の問題ではないかと思っています。

佐原 ぼくは日本の場合、作業姿勢だけでなくて、少しでも手に密着して、つまり道具を手の延長と考えたがるところも関係していると思います。そして手かげんを重視する。かんなでものこぎりでも。

川田 それに関連して西洋との対比でいえば、テクノロジーの特徴が日本の場合は二重の意味で人間依存的、それにたいして西洋の場合は二重の意味で人間非依存的です。二重の意味でというのは、日本の場合は、一つは単純な、機能未分化の道具を個

平座位での作業(『春日権現験記』延慶二年＝一三〇九年)

歯の形から引くのこぎりとわかる。『石山寺縁起』正中年間(一三二四―一二六年)。

人の巧緻性、器用さによって多目的に効率よくつかうということ。そしてもう一つは、よい結果を得るために人力を惜しみなく投入するということです。ヨーロッパの場合は、それとは逆で個人の器用さに頼らないで、だれがやっても同じ結果が出るように道具を工夫する、そしてもう一つはなるべく人力をつかわないで、人力以外のエネルギーをつかおうとするということです。結局ヨーロッパ式の考え方が近代技術の基本になって、それが世界を制覇した。一方日本の場合個人の巧緻性に依存して、惜しみなく労力を投入するという伝統は灌漑水田稲作に集中してみられるわけです。つまりいったん灌漑施設をつくると簡単にそれを変えられないから、限られた土地にいくらでも労力を投入して、土地生産性を上げる以外に生きる道がないわけですね。

日本で明治以後、西洋渡来のテクノロジーをとり入れて、ある意味で西洋以上の強力な技術文化を生みだしたのは、両方が結びついたからだと思うんです。日本式に個人的な巧緻性を発揮しながら、労働力も惜しみなく投入してよい結果を得ようと努力するという日本の技術文化の伝統と西洋渡来の技術が結びついたので、国際競争力の大きい技術文化を発展させた。

佐原　おもしろい問題です。つまり、同じ現象、同じ材料でも、見方を変えると……。

尾本　それが大事なんですね。そういう違った視点というところが。しかしそのときに学際性がひじょうに必要になるんです。

右＝フランス東部・エピナルのベラン作の版画『諸職図』（一八二五年頃）。
左＝葛飾北斎作『北斎漫画』（十九世紀前半）に描かれた江戸の諸職。
フランスの職人が、仕立屋以外、立位か高座位で作業しているのに対し、日本人は平座位で作業している。
（三五〜六頁図は川田提供）

■学際研究、三つの段階

尾本　学際研究というのは三つのレベルがあると思うんですよ。かつて、九学会連合◎という文部省の総合研究がありましたが、これはまず地域だけ、奄美とか対馬と決めてそこで各学会の調査員がそれぞれかってに研究するというわけです。こういうやり方は学際研究のいちばん初期の段階であって、ぼくはこれはマルチディシプリナリーな研究という意味で、マルチ学際と呼んでいるんです。しかしこれには限界がある。なにしろ皆さんてんでんばらばらにやって、相互に歩み寄ろうというようなことがないわけです。しかも調査に行く時期もそれぞれ自分の都合のいいときに行って、現地で一緒になるということはほとんどない。

それで次の段階は、たとえばぼくらがいま実施している文部省の重点領域研究「日本人と日本文化の起源に関する学際的研究」のようなもので、ほんとにインターディシプリナリーなことをやりたいということで、インター学際と呼んでいます。これはどういうのかというと、もっとお互いに手のうちを明かしあってディスカッションしましょうと、そして調査も一緒に行って……。具体的にいうと平成九年度から四年間の計画で四つの班を設けました。一つは自然環境班、これには文化がつくった自然環境も含まれる。二番目が人類班、これは従来の形態学だけではなくて遺伝学も含めて

◎九学会連合
一九五一年、日本の民俗学のパトロン的存在であった渋沢敬三（一八九六―一九六三）が、民族学・民俗学・人類学・社会学・言語学・地理学・宗教学・考古学からなる八学会連合に心理学を加えて組織した、学際的な調査研究のための組織。対馬・能登・奄美・佐渡・下北・利根川・沖縄などの特定地域を設定し、現地調査を進めた。

日本人の起源を研究する。三番目が考古学班で、先史時代の日本人の生活を知り、復元することをおもなテーマにする。それから四番目は、さまざまな日本文化の源流を探る文化班で、日本を孤立してみないで、世界、とくにアジアから日本文化を考えるという視点を入れようと。以上の四つの班は互いに密接な関連をもちながら、九学会連合よりはもうひとつ進んだ形のインター学際の研究会をやろうというわけです。それでさらに進めばトランス学際というのがありうると思う。トランスディシプリナリーというのが。これはディシプリンをばらしてもういっぺん再編成して新しい総合科学をつくるということです。

　私は遺伝学で日本人の起源を研究しているわけですが、どうしても考古学者や、人骨を研究する自然人類学の人たちと協力してやっていきたいわけです。今はひじょうに単純なことで意見があわない点があるのです。たとえば縄文人が北から来たか、南から来たかという議論のときに、考古学のほうでは縄文人や、その前の後期旧石器時代人は北方の要素がひじょうに強いという。ところが、埴原《はにはら》和郎◎先生の二重構造説では、人骨から見るとどう考えても南方系であるという。どうして人骨が南方系で文化が北方系なのかという問題。埴原先生にいわせると、文化は文化だけで渡来しうるんだと。ところが、ぼくは文化というものは人間が担っているのであって、もう少しきめ細かい研究が必要ではないかと思うわけです。

◎埴原和郎
一九二七—二〇〇四。人類学者。国際日本文化研究センター名誉教授。日本人の「二重構造モデル」を提唱し、アイヌと縄文人の骨格の近似性を説いた。『骨を読む』（中公新書、一九六五年）『日本人の起源』（増補、朝日選書、一九九四年）ほか。

たとえば北ならいったいどこなのか。中国北部なのか、シベリアなのか。それから時代的にももっと正確に区分して、ある時代にどれくらいの人間が渡来してきたのか、そして人間はあまり来ないで文化だけ来たのか。そういうことを考えようとすれば、もちろん多くの人骨の資料も必要になるでしょう。

私は遺伝子のレベルで人間の進化とか、多様性を見るという分子人類学をやっているわけですが、もちろんこれだけでもって、人類学が全部わかるわけではないのですけれども、遺伝子というのは系統を知るときにはひじょうに強い武器になりうる。たとえば大陸のある地域と日本の縄文人とで遺伝子が一致すれば、それはかなりの確率で同じ系統ということがいえるわけですね。人骨からＤＮＡが採れるようになって縄文人の遺伝子が最近ではわかるんです。つまり、ＰＣＲ法◎という方法で、ごくごく微量のＤＮＡが取れれば、それを増幅して大量にふやして、それで現代人と比べることもできるのです。

しかし縄文時代の生活——たとえば何を食って、どんな病気にかかって、どんな体をしていたかということは遺伝子からはわからないんです。これは人骨や考古遺物から復元しなければならない。つまり分子と人間の個体、それから文化の三つ全部がそろって初めてストーリーが完結するんだと思う。

ですから、「いまなぜ新エイプ会か」というのは単なる懐古趣味ではないんです。若

◎ＰＣＲ法
ポリメラーゼ連鎖反応法。微量のＤＮＡサンプルから特定領域のコピーを短時間で大量につくりだす技術。

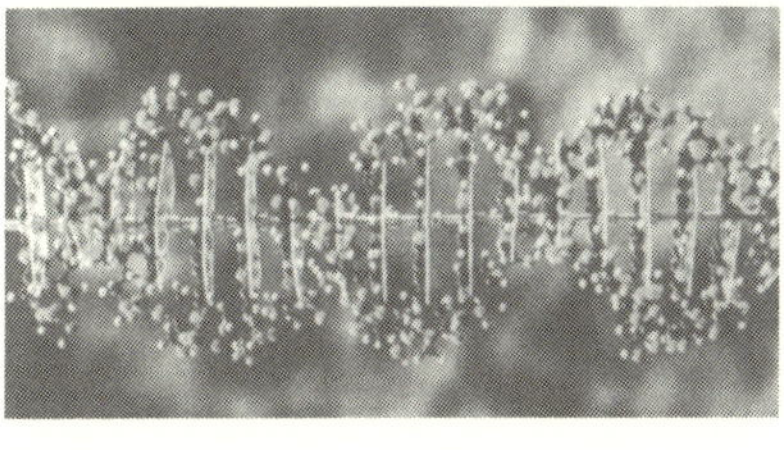

い人から見れば年寄りが集まって気炎あげているんだということになりかねないのですが、そうではないのです。つまり、いま学問がものすごい勢いで転換しつつあるのです。それは極端に個別専門化が進んで、それによくいわれるようにタコツボ掘るような研究、自分の穴だけはものすごく詳しく知っているけれども、それ以外のことはなにもわからないという状況が急速に進行しているのです。二十世紀の学問はそういうかたちで進んでディシプリンがうんと深くなった。しかしこれだけでは結局なにも解決できない。つまりわれわれがいま直面している人類存亡の危機に当たって、人類はどうなるのか、環境はどうなるのかという問題を考えようとするときに、どうしても総合的な「学」が必要になってくるわけです。

■APEからAPPLEへ

佐原　だいぶ盛り上がってきたんですが、新エイプ会をやろうというときにどうしても年齢のことが気になりますね。だからぼく、さっき年齢にこだわったんですが、エイプ会の人たちは三、四十代だった。それにたいして、われわれはみな六十代、この年の人間が「新エイプの会」といいだす根拠を……。

尾本　何もないんです。

佐原　それはお互いにまだぼけてなくて、寿命が延びたから、昔と比べると、いまのわれわれの年は、当時の彼らの年に当たるというふうな理屈を……。

尾本　ぼくらは口火を切る役割で、あとは若い人たちがやってくれればいいのです。

佐原　そういうことですか。

尾本　じつは、ぼくはほんとうは「ＡＰＥからＡＰＰＬＥへ」としたいのです。つまりプライマトロジー（サル学）とリングィスティックス（言語学）を加えたいのです。サル学はとくに最近、人類学にひじょうに大きな影響を与えています。そして言語学、世界中にこんなにたくさん言語があるのはなぜだろうというのは人類学のテーマでもあるわけです。ところが、言語学は個々の言語の細かいことばかりやって、まさに大学病院の専門医ばっかりになっていますね。私は、日本の言語学者は人類学との接点をもっともってほしいと思っているのですが。

　そうするとアンソロポロジー、プレヒストリー、プライマトロジー、リングィスティックス、エスノロジー、これの頭文字をならべるとちょうどＡＰＰＬＥになるんです。

佐原　ヒストリーがないですね。無文字社会だけでなくて、文字で書いてあることというのはやっぱりすごいもので、それがしめだされているような……。

尾本　排除しているわけでなく、個々の学問の中にヒストリーが入っているのです。

川田　ぼくはとくに個人的な研究の面では歴史学者との協同はずいぶんやってきました。たとえば『社会史研究』という同人雑誌を阿部謹也◎さん、二宮宏之◎、良知《らち》力《ちから》◎さ

◎阿部謹也
一九三五―。ヨーロッパ中世史家。『阿部謹也著作集』全10巻、筑摩書房、一九九九―二〇〇〇年。

◎二宮宏之
一九三二―二〇〇六。歴史家。フランス社会史。アナール派を精力的に紹介。『歴史学再考』（日本エディタースクール出版部、一九九四年）『マルク・ブロックを読む』（岩波書店、二〇〇五年）ほか。

◎良知力
一九三〇―八五。社会思想史家。『ドイツ社会思想史研究』（未来社、一九六六年）『一八四八年の社会史』（影書房、一九八六年）ほか。

んと出していました。歴史のなかでもとくに社会史というのは、フランスのアナール派◎が源流ですが、人類学との交流は外国でも深いのです。しかし歴史学のほうは人類学からたくさん吸収したけれども、人類学のほうでは逆にあまり学んでいなかった、それがとても残念なんです。人類学にとって歴史はやはりアキレス腱だと思います。

尾本　佐原さんが「文字に書いてあること」とおっしゃいましたけれども、そうすると日本という国ができてからの歴史が歴史学、日本史ということになります。だから日本人というのは日本の国が始まってから初めていえるのであって、聖徳太子は日本人じゃないという歴史学者もいるんですね。

佐原　やっぱり文献として残っている記録というものはすごいものだから……。

尾本　それはそうです。しかもそれは世界的にありますね。中国やエジプトの文献には人類学的に重要だと思われるものがあります。

川田　逆に歴史学でも文献にだけたよらずに社会史的な視点がどんどんふえてきました。図像資料をつかうとかね。

佐原　非文字資料、いくらでもあります。

川田　それから、なぜいまエイプかということですが、いままさに人間中心主義（アンソロポセントリズム）というものが危機に瀕してるわけです。これはユダヤ=キリスト教的な『創世記』の伝統ですね。唯一神である全知全能の神が自分に似せた人間をつ

◎アナール派
一九二九年、フランスでL・フェーヴルとM・ブロックが刊行した雑誌『経済社会史年報《アナール》』*Annales d'histoire économique et sociale* に参集した歴史家グループ。実証主義や出来事の記述に偏った従来の歴史を超えて、歴史を全体的な経済・社会的事実との関係において捉えようとする。深層において長期的に持続する歴史の構造をとらえた第二世代のF・ブローデルをはじめ、他の人文諸科学の方法を学際的に取り入れたことで知られる。ル=ゴフ、ル=ロワ=ラデュリなどの第三世代にいたって社会史・心性史的傾向を強めた。

くって、ほかの動物は人間が利用するためにつくったと。それが西洋の思想の基本にはあって、それによって自然科学が発達し、テクノロジーも発達して、十九世紀のヒューマニズムもそれをもとにして成立したといえる。だけど、いまやそれが大きな矛盾を露呈している。たとえば人口問題にしても、『創世記』にしたがえば、神が最初の人間をつくって、「生めよ、ふえよ、地に満ちよ」といったわけですが、それをいま、そのまま実行できない状況になった。しかも人口調節に熱意があるのは北側の先進国だけで、アフリカやインドの人たちは、ついこの間までのわれわれ日本人と同様子孫をたくさんふやすことが人間の幸せだと思っている。それは後世を弔ってくれる人たちをふやすことだし、とくにアフリカのように移動式焼き畑農耕の場合には、人手が多いということが現実に富をますことなんですよ。だから一夫多妻でどんどん子どもを産むことが物質的にも精神的にもそれこそ豊かであることなんです。だからアメリカや日本の人たちがいまの生活程度を一〇分の一か二〇分の一に落としても、その富をアフリカやインドの人たちと分け合う覚悟があるかという、そのことがいま問われているといっていいと思う。

尾本 そのとおりです。

川田 だからいちばん原初的なものがエゴセントリックな利己主義で、つぎの段階はエスノセントリックな自文化・自分たち中心主義。そしてたとえばジェオセントリック（天動説）というのである段階までは地球中心的に考えていたわけですが、これは完全に否定されたわけです。のこるのはアンソロポセントリズム（人間中心主義）ですが、これは一神教の世界で生れた考え方です。

尾本　人間中心主義というよりヨーロッパの人間中心主義。

川田　そうです。結局、ユダヤ＝キリスト教的な西アジアの一神教がベースになった、きわめて強力に組織されたアグレッシヴな文明が近代をつくり、世界を制覇したわけです。人類学という学問そのものも含めて。

尾本　そうです。

■人類学の矛盾と課題

川田　それでは人間中心的に考えないとすればどうすればいいのか、これはまたたいへんな問題で、元来非一神教世界のわれわれアジア、アフリカ、オセアニアの人間が考えなければならないことなのでしょうが、そういうことを考えるためにも、いままさに人類学というものが大事なんです。

尾本　ぼくは人類学を学んでほんとによかったと思っています。というのは人類学は、人類のすべての現象、普遍的な現象を研究するわけですから、ある一部の民族とかある国家だけを研究するわけではない。そして人間というのはこういうものだとか、日本人とはこういうものだという既成概念を取っ払って、民族や文化を比較しつつその多様性をまず認めようという学問なんです。

佐原　かつては人類学は差別と結びついていたわけだから、そこを……。

尾本　そうです。それが人類学の大きな矛盾だったわけで、人類学自体が徹底反省しなければならない。

佐原　考古学の場合でも、たとえば青銅器時代の第二期、ポーランドにはゲルマンがいた、だからポーランドはドイツが所有する権利があるというぐあいに、完全に政治問題と結びついていた。またジンバブエというのは石でつくられた遺跡なんですが、発掘調査の結果、地元の人ではなく西アジアの人がつくったものだという報告書を出した。それにたいして地元の人たちが訂正しただけでなく遺跡の名を国名にしてしまったわけです。このことは奈良国立文化財研究所の田中琢さんがくわしく紹介しています（『岩波講座日本考古学』七巻）。考古学も政治と結びついてきた、というか利用されてきたのです。

尾本　自然人類学のなかでもとくに人種学は政治に利用されることが多かったのですが、人種というものは社会的概念であるとはっきりいい切っているんです。ぼくは人類学がそろそろパラダイム転換をすべきだと思います。その一つとして、従来の人種とか民族とかいう概念を根本的に考え直したほうがいいと思う。

川田　ぼくたちも今それをやろうとしているのです。まだ設計の途中なんですが。
佐原　民族という概念はやめるのですか。
川田　やめるというのではなくて、民族というものは実体ではなくて、状況によって人為的につくられる旗印だと思うのです。つまり抑圧されたものが自己主張するための旗印として、つくりだされるものだということです。そのベースとして動員される、ある範囲の人々に共通の感覚とか、言語、宗教、出自とかは、それぞれ共通する範囲がちがうので、全部が重なりあって民族が集団として自然に形成されるということは実際にはないといっていい。
尾本　そうですね。男と女の生物学的な区分はセックスですね、男と女は染色体がちがうわけですから、人種の違いよりよっぽど大きいわけです。しかし社会的概念としての男と女はジェンダーです。ぼくの考えでは人種も民族もジェンダーと同じです。ところが人種のほうがセックスで、民族がジェンダーにあたるような解釈をこれまでしてきたことが大きなまちがいだった。
　それともう一つの問題は、これはぼくもよくわからないのですが、文化相対主義◎の問題がありますね。つまり、ヨーロッパ文化中心主義をやめて、すべての文化は正しくて対等であるという考え方が人類学にはありますが、たとえば世界には極端な男女差別の文化だってあるわけで、文化相対主義だからこれも認めましょうということに

◎**文化相対主義**
研究者が自らの文化的制約から自由になり、文化的現象を社会的・文化的文脈のなかで評価する方法。諸文化間に価値的優劣はないという考え方。

なるのかどうかという問題です。

川田　この問題はずいぶん奥行きが深くて、しかもアフリカでの女性の性器変工の問題とか、現在緊急に答えを求められている問題でもある。二年前から国立民族学博物館での共同研究としてぼくが世話人になってやっている「文化相対主義の再検討」◎は、まさにこの問題をテーマにしているわけですが、法学者にも参加していただいて、人権の概念についても討論しています。

尾本　むずかしい問題ですが、ぼくは文化相対主義はいずれは行き詰まると……。

川田　基本的にはそうでしょうね。ただ、ある歴史的な段階では必要だったのです。

尾本　自然人類学では、動物行動学などの成果もかなり応用してきたわけです。基本的な人間の行動についても、動物行動学でいう個体間の関係は三種類あって、ひとつは血縁関係、もうひとつは互恵性、三番目が奴隷、一方的に搾取する。こういう原理的関係を応用した場合、人間の個々の文化を通底するいろんなものが見えてくるのではないかと思います。

川田　人類学では多様性とともに、普遍性ということを絶えず問題にしてきたわけです。たとえばアメリカのマードック◎は「文化の公分母」という表現で、レヴィ＝ストロースはアンヴァリアンス、「不変のもの」という表現で、つねに問題にしています。

尾本　そうですね。だからやはり新エイプ会が必要ですね。文化人類学、形質人類

◎文化相対主義の再検討　本書一七四頁以下参照。

◎G・P・マードック　一八九七—一九八五。アメリカの社会学者・文化人類学者。民族誌資料に基づく、グローバルな規模での通文化的比較研究の方法を確立。とくに諸地域の親族組織の相関性を統計的に示した『社会構造』（新泉社、一九七八）は代表作で、このなかで用いられた「核家族」という用語は学問領域内にとどまらず日常語となった。

学、考古学が学際的に協力することが。

川田　ぼくが教育を受けた状況からいうと、日本の文化人類学はある時期のアメリカからの直輸入なんですね。だから文化人類学というのは日本とアメリカの一部でしか通用しないことばです。私はまさにその直輸入文化人類学で純粋培養された最初期の学生の一人ですが、その後フランスとアフリカで学んで、いまでは文化をとって「人類学者」でありたいと考えている。つまり自然人類学と文化人類学という、ある一時期の、ある地方の学問的な状況での区別を取り払いたいわけですね。というか、人類学の概念そのものを、人類学的な視野で見直したいと思っているのです。

尾本　それは大賛成です。ただ一部の文化人類学者が無自覚に人類学者を名乗られるのにはどうかと思っています。川田さんのようにさまざまの共同研究をされ、よくわかっていらっしゃる人なら、ぼくは大賛成ですが。

川田　これはエイプ会の趣旨とも関係するのですが、人類学というものの成り立ちが国によってずいぶんちがうんですね。日本の場合は人類なんていう意識、観念はそもそもなかったし、ヨーロッパの場合も十九世紀の後半になってイギリスやフランスが世界を制覇して、世界には空間的にいろんな人間がいることがわかったり、また一方で、先史学が発達してきて、時間的に人類というものの輪郭がわかってきた。そこでカントとはちがう意味でアンソロポロジーという概念が出てきたのですね。その場合にさっきのナチュラル・ヒストリーという考え方がとても重要なんです。フランスの場合はもとの王立植物園が十八世紀以来ナチュラル・ヒストリーの重要な研究の場になっていて、そこからキュヴィエ◎とかラマルクが輩出している。いまも国立自然史博物館という組織があり、植物園がその場になっていて、民族学中心の人間博物館も組織としてはその一部なんですね。ぼくはフランス留学中、パリに来られた鈴木尚先生のお伴をして、人種論で有名なアンリ・ヴァロアに会いに行ったことがありますが、ヴァロアの研究室も、広大な植物園の中の自然史博物館にあるのですね。しかしいわゆる植物園ではなくて鉱物のセクションがあったり、魚から人間にいたる骨格標本が並んでいる、古生物学の大展示場もあったりする。つまりナチュラル・ヒストリーの一部として、人間というものを研究してきたわけです。

佐原　国によってちがいますね、ヨーロッパでも。

川田　そうなんです。日本の場合は人類学そのものが輸入ですからね。

それで、坪井正五郎さんの時代から現在の尾本さんや佐原さんの研究にいたるまで、「日本人とは何か」ということが、日本ではずっとベースにありますね。日本人ぐらい日本人論が好きな国民は世界にないし、これだけ自分たちの民族の起源にこだわっている国というのは世界中にないのではないか。しかしドイツはゲルマン研究がさかんです。それはフランスの啓蒙思想の普遍主義や、ナポレオンによる占領などによって

◎G・キュヴィエ
一七六九―一八三二。フランスの博物学者。動物分類学、比較解剖学、古生物学の研究に従事。ラマルクの進化論に反対し、創造説を固守した。

思想のうえでも、政治的支配のうえでも、フランスに対抗して自分たちの独自性を主張するところからゲルマン研究がさかんになって、グリム兄弟なども出てくるわけです。

話はかわりますが、柳田国男◎は民族の概念をフォルクとエトノスというドイツ語からとっているんですね。しかし柳田は研究の方法論においてはイギリスのゴンム◎やフランスのポール・セビヨ◎から直輸入に近いくらいに影響を受けている。たとえば民間伝承なんていうのはまさにポール・セビヨの「トラディション・ポピュレール」の直訳です。ところが民俗学というもののあり方については、ドイツにいちばん共鳴している。日本が近代国家の体裁を整えて、国際社会の仲間入りをしたときと、ドイツが対仏戦争に勝って一八七一年以降国民国家をつくって、フランスやイギリスに対抗するようになった時代とが重なっているんですね。

佐原　似ているんですね、日本とドイツの状況は。しかし現在はドイツでは、ドイツ人論の本はあまり見かけませんね。

川田　ドイツ語で「フォルク」ということばには「民族」と「大衆」という両方の意味があって、そのためヒトラー時代の政治スローガンだった「一民族《フォルク》、一帝国、一総統」へのアレルギー性の反省から「フォルクス・クンデ（民俗学）」ということばさえ避けるようになった。「経験的文化科学」とか別の呼び方がひろまっています。

佐原　それに日本で日本人論が好まれるのはたとえば佐原なら佐原という家系をた

◎柳田国男
一八七五—一九六二。日本民俗学創設者。学芸に傑出した兄弟の六男に生まれ、農商務省をへて法制局参事官、貴族院書記官長を歴任、のち東京朝日新聞社客員、国際連盟委任統治委員をつとめる。農政学の著作を著す前後から民俗学に傾倒、『後狩詞記』『石神問答』『遠野物語』の三部作で日本民俗学を確立。フレーザーなど西欧の民俗学・フォークロアに親しむが、民俗学を「自国民同種族の自己省察」の学問とするなど、その一国民俗学的思考は近年批判されることも多い。

どっていくとみんな日本人なんですよ、ところがドイツでは、兄さんはアイルランドの女性と、弟はユーゴーの女性と結婚するとかで、たまたま今、ドイツにすんでいるからドイツ人……。

川田　それはあります。人類という概念もなかった日本でこれだけ日本人論がはやるのは。

しかし人類学というものは、ある日突然、空中に浮んで出現したのではなく、長谷部言人とか石田英一郎とか、具体的な人間関係のなかで生まれてきたのだから、国による学問の成立の背景を考えることはとても大事だと思います。

佐原　モースが来日して、日本に生物学会ができるんですね。それはのちに動物学会と植物学会に分かれるのですが、ただ坪井さんはモースの影響を直接的には受けなかった。

尾本　坪井正五郎はひじょうに趣味的です。

佐原　看板を研究したり……。

川田　モース・コレクションにちゃんと看板があります。

佐原　モースさんは大森貝塚の報告書で、土器の数を全部数えたり、用途別に分類していますが、これは世界で初めての試みです。しかしそれは日本では定着しなくて、その後しばらくは珍品だけを集めるようになってしまった。

◎G・L・ゴンム
一八五三―一九一六。イギリスの民俗学者。一八七八年にロンドンで民俗学協会を設立し、人類学からフォークロア研究を独立させた。著書 *The handbook of folklore*, 1890 を留学中の南方熊楠が持ち帰り、柳田がそれを借り受けたことが学問形成に寄与したと伝えられる。

◎P・セビヨ
一八四三―一九一八。フランスの作家、画家、民俗学者。フォークロア研究に生涯を捧げる。*Le folklore de France*, 1904-06（全４巻）ほか。

川田　ぼくはマイナーなものへのこだわりというか、いわゆる好事家の精神はとても大事だと思う。ぼくがずっと研究したアフリカのモシ社会◎なんていうのも、世界の文化、政治、経済の大勢の中では、もうマイナー中のマイナーで、まさにとるに足らぬ存在です。しかし世のいわゆるメジャーな学問の学者が軽視するようなマイナーなものに注目して、そこに身を沈めてその中から価値あるものを探り出すことによって、はじめて人類というレベルで現代文明を批判的に見ることができるのです。だからそういう意味で、人類学というのはメタサイエンスであると同時に、マイナーサイエンスでもあるということを自覚し、それを誇りとすることが、ぼくはとても大事だと思う。マイナーなものにたいする注目、執着。そして研究者自身も、世の役に立つ威風堂々たるメジャーサイエンスでない、マイナーサイエンスに従事しているという自覚に徹すること……。

尾本　好奇心ですね。ぼくは人類学にかぎらず学問には好奇心がいちばん大事だと思う。好奇心をぶつけあって、それでいて全体を見とおす視野をもつ。新エイプ会はそんなサロンでありたいものです。

（一九九七年六月二十二日）

＊初出　季刊『創造の世界』第一〇四号（小学館発行、一九九七年）に掲載されたテキストを若干改め、注は新たに作成した。

◎モシ族
西アフリカ内陸サバンナ、ブルキナファソ（旧オート・ヴォルタ）の中央部に住む農耕民、人口約二一〇万。川田順造『無文字社会の歴史』参照。

モシの王を拝する臣下

II部

四者討論

ヒトの全体像を求めて

大貫良夫＋尾本恵市＋川田順造＋西田利貞

1章
現代世界における人類学

■はじめに

川田　この四者討論の発端になりましたのは、そこにお配りした資料にあるように、数年前に尾本さんと、亡くなられた佐原真さんと私でおこなった鼎談「総合の『学』をめざして――新エイプ会の提唱」（本書のⅠ部）です。この「新エイプ会」という考え方を初めに言い出されたのは尾本さんで、これは国際人類民族科学連合の中間会議（東京、二〇〇二年）その他でも、この名称を用いて説明をなさっています。

「新エイプ会」というのは、つまり、過去のある時期にアンソロポロジーとプレヒストリーとエスノロジー、その三つの分野が共同で一つの新しい学問をつくっていこうとする動きが、江上波夫先生をはじめとしてあった。現在の人類学が細分化したり、あるいはカルチュラル・スタディーズなどと区別がつかなくなるような状況のなかで、やはり文化を持った生物としてのヒトという、総合的な視点が大事ではないかということを尾本さんも言っておられ、私もまったく同感です。われわれが教育を受けたころの総合人類学のイメージも頭にあって、そういう問題提起をしていこうという機運が、尾本さんを中心として高まりました。

残念ながら佐原真先生は亡くなられましたけれども、今回の討論の発端はもちろん、その「エイプ会」にあります。ですが、必ずしも過去の「エイプ会」にとらわれないで、二十一世紀のというよりも、あるいはポストモダンなどというよりも、もっと視野の広い現代以後のヒト学はいかにあるべきかということ、とくに現在地球規模で問題になっている差別とか暴力の問題、それからもう一つは自然のなかの人間の位置づけの問題。今日はその二つを中心に、それぞれの立場からお考えを述べていただいて、討論をしたいと思います。

ですから、この前の『創造の世界』に載ったときには、「エイプ会」の由来などについてかなり詳しく説明をしてありますけれども、今度はそれを一切省くことにしましょう。あくまで現在の時点でのわれわれ四人のそれぞれの立場からのイメージ、ヒト学のこれからのあり方について話していきたいと思います。

まず、第一のテーマである、現代の世界における差別、それから暴力の問題。これについて、遺伝人類学の大家ですけれども、最近マイノリティの問題、差別の問題にも実践的な関心をもっていらっしゃる尾本さんから、まず問題提起をお願いしたいと思います。

問題提起

■自然史の視点から総合人間学へ

尾本惠市

いまご紹介がありましたが、ごく簡単に私の心の遍歴についてお話ししましょう。いま川田さんがおっしゃった「遺伝人類学」よりも、私は「分子人類学」◎と言っているんですが、それは人類学のなかのごくごく狭いディシプリンです。それを日本で立ち上げた一人が私で、東大で三〇年以上、それをやったわけです。具体的なテーマとしては、アジアの先住民族であるアイヌと、それからフィリピンのネグリト◎という、両方とも採集狩猟民の系統です。その起源をめぐって、それまでアイヌは白人だとかネグリトはアフリカのピグミーだとか、人類学でいろいろな人種分類の対象になっていたんですが、私は顔かたちで分類するのはだめだと思いました。だから遺伝子のデータを使って分類してみたわけですが、そうしたところ、たとえばアイヌは日本列島の先住民で、縄文人と連続しているということが間違いなく推定できた。

そうしたなかで、六十歳で東大を定年になりまして、専門研究はもう若い人たちが

◎分子人類学
遺伝子のレベルで人類の進化や異変を研究する新しい方法。尾本惠市『分子人類学と日本人の起源』裳華房、一九九六年などを参照。

◎ネグリト
インド洋のアンダマン諸島、タイ南部と半島マレーシアの内陸、フィリピン群島に少数が存在する採集狩猟民。低身長、黒色の肌、短い縮毛などの特徴で知られる。

どんどん後を継いでくれている。それで京都の梅原猛先生に招かれて日文研◎に行ったわけです。日文研で何をしたかというと、実はＤＮＡの実験室もつくったのですけれども、自分では実験はしないで、もっぱら学際研究をやりました。いろいろな分野の人を呼んできて、日本とか日本人とか日本文化について、音楽にたとえればオーケストラの指揮者気取りでやったわけです。みんなそれぞれの楽器で一流の技術を持った人が集まって、共通テーマを共有する。これがインターディシプリナリー・スタディです。そういうことで、日文研の五年間で私は考え方が大きく変わりました。

日文研を六十五歳で定年になって、東京に戻ろうかと思いましたら、たまたま大阪の桃山学院大学の学長などをされていました沖浦和光《かずてる》◎先生から引きがあったのです。いま桃大では差別の問題、人権の問題をいろいろやっているけれども、人類学者がいない。文化人類学者はいるけれども、やはりヒトという生物の素性をきちんと分析する、自然人類学の人が欲しいと沖浦先生がおっしゃって、それで来てくれということになった。ちょうどいいというので、桃大へ行って五年間お世話になりました。そこでは、「先住民族の人権」というプロジェクトを立ち上げて、また、インテグレーション科目といって大勢の人でする「総合人間学」という授業を立ち上げました。その「総合人間学」の冒頭で「ヒト学入門」を教えました。なぜカタカナを使うかといえば、人間は自然だということから出発するからですね。つまり、文化が人間を決めるので

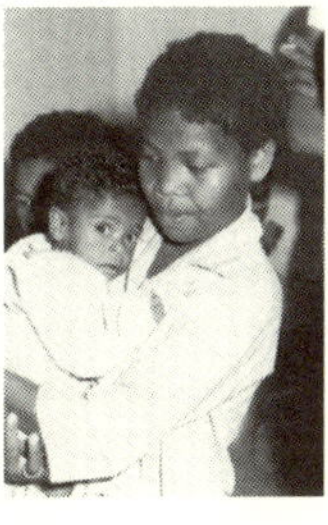

フィリピン、アエタ族の母親
（尾本提供）

◎ピグミー
アフリカ熱帯雨林に居住する狩猟採集民。ザイール・コンゴの盆地を中心としてかなり広範囲に分散している。

◎日文研
国際日本文化研究センター。文部省所轄の、日本文化に関する大学共同利用研究機関として一九八七年に設立された。

◎沖浦和光
一九二七年ー。桃山学院大学名誉教授。比較文化論・社会思想史。アジア文明体系と被

はないというのが私の根本的な考えです。ヒトは動物なんです。けれども文化をもち、文明を発達させた。そういう特殊な動物です。だからヒト学。大切なことは、人類学の原点は人類の自然史だということです。つまりナチュラル・ヒストリーから出発しているんだということを、スタートラインとして考えなければいけない。

日本の人類学といえば、もちろん新井白石とか江戸時代まで遡る人もいますけれども、私はやはりドイツのシーボルト◎が日本にやってきて、たとえば「日本の石器時代人はアイヌだ」などということを直感的に言ったりしていた、ああいうことが非常に影響を与えたと思う。そして坪井正五郎さんが東大に人類学をつくる。そして人類学会、東京人類学会というものが一八八六年——これは世界でも最も古い人類学会の一つです、パリの人類学会ができたのがこの二五年ぐらい前ですから——につくられる。日本は非常に人類学の歴史が古いわけです。ところが、そういうことをみなさん一切知らないで、要するに人類学イコール文化人類学だといま思われていることに対して、私は抵抗があるのです。

それから人類学にはとくにフィールドワークが大事ですが、このフィールドワークの先駆けとして、鳥居龍蔵《りゅうぞう》◎さんというユニークな先生がいた。

そういうわけで、人類学はディシプリン・サイエンスではない。人類という対象を共有するメタサイエンス、または総合学です。戦後は霊長類学や分子人類学、生態人

差別民衆史の研究に尽力。『天皇の国・賤民の国』弘文堂、一九九〇年ほか。

◎シーボルト
一七九六―一八六六。ドイツ人の植物学者。一九二三年に東インド会社医師として長崎に来日。日本人に医学・植物学を教えるとともに、日本各地の歴史・地理・動植物などの資料を収集した。帰国後『Nippon』『日本動物誌』『日本植物誌』を著す。

◎鳥居龍蔵
一八七〇―一九五四。日本の人類学・考古学の開拓者の一

類学などが出てきます。文献ではなくて、フィールドワークによって実地資料を研究するのも一つの特徴です。

ところが、私は、現在の人類学に不満がでてきました。その第一は、自然人類学と文化人類学の乖離、つまり細分化の弊害です。自然人類学が身体のことだけ、文化人類学が文化のことだけと分かれてしまっていることが果たしていいことかどうか。

それから二番目に、人種分類などが誤りだとわかったため、現代人を対象とする研究者が減ったこともありますが、化石人類学の過大な重視という問題があります。アウストラロピテクス◎とか、ホモ・エレクトゥス◎とか、確かに専門的にはおもしろいです。おもしろいけれども、そればかりが人類学であるかのように思われてしまって、カタカナのヒト、つまりホモ・サピエンスというわれわれ自身が忘れられてしまっているのではないか。われわれは、カタカナで書くヒトという特別の種、たかだか二〇万年の歴史しかない非常に新しい種だということが最近わかってきた。ネアンデルタール人が別種であるということも、遺伝子的にわかってきた。生身のヒトだからこそ、遺伝子のことが調べられる。脳のことが調べられる、それからいろいろな行動が調べられる。これは、化石では絶対に得られないことですよ。行動については、化石からいろいろなことを想像するんですけれども、本当かどうかわからない。

それから三番目、霊長類学への過大な期待。西田さんがいらっしゃいますけれども、

人。一八八六年に坪井正五郎がつくった東京人類学会に入会。東アジアの専門的研究に携わり、一八九〇年代以降、台湾、中国、千島、モンゴルのほか沖縄、朝鮮、満洲等において民族誌的調査を行った。それに基づいた独自の日本民族形成論を展開。『鳥居龍蔵全集』全十二巻、朝日新聞社、一九七五―七七年。

◎アウストラロピテクス　猿人の段階に属する最も初期の化石人類。直立二足歩行を行い石器を使用した最初の人類とされる。

霊長類学は確かに、それまでの人類像――人類はほとんど神みたいなもので、動物とは不連続のものだと考えていた十九世紀的な考え――に対して登場してきて、「いや、人間もサルですよ」ということをはっきりさせてくれた。これは大きな貢献です。大きな貢献だけれども、私はやはり霊長類学は動物学だと思っているんです。人類学ではないと。それはあとで西田さんからご批判があればいただきます。

新たな人類学へ何を期待するか。私は、現代人に焦点を当てるヒト学を提唱したい。今日的な課題、たとえば環境、教育、人権、平和、これを視野に入れなければだめだと。それに対して人類学者が答えられなかったら、恥ずかしいと思わなければいけない。私がそうです。私は実はアイヌの研究をやっていて、アイヌの差別の問題◎に突き当たったとき十分に答えられず、恥ずかしい思いをしました。一九九五年から、「萱野茂◎アイヌ文化講座」に参加して、アイヌの苦難の歴史や世界の先住民族との連帯について初めて学びました。そういう体験が私をいま新しい関心領域に引き込んでいるわけです。それから行動とか心理とか脳への、進化学的アプローチが現在できるようになってきている。また他の関連分野との学際的な連携はもちろん図られなければならないので、それが「総合人間学」であると思います。

それから私は、なぜ先住民が大事かということを言っていますが、それはあとで述べることにして、「ヒト学の課題」についてもう少し言いましょう。

◎ホモ・エレクトゥス
一六〇万年くらい前に出現した人類の祖先で、それ以前のホモ・ハビリスと比べ、身長が高くなり、脳容量も大きくなった。

◎アイヌの差別の問題
北海道のアイヌは独特の言語と文化をもつ少数民族である。近世の江戸幕府の蝦夷地政策のもとで、次第に領域を拡げる和人との争いが増した。十五世紀から十八世紀には数度にわたり和人に対して戦いを挑んだが敗れ、やがて一方的な経済的収奪と文化破壊のため極端な貧困に陥る。明治三十二年に制定された「北海道旧土人保護法」は、アイヌ語およびアイヌ文化を否定する同化政策法で、アイヌの人々に対する差別を助長する結果となった。この法律は平成九年に廃止され、はじめ人間の自然科学的理解というものは、大脳皮質、とくに前頭葉の発達の結果、言語によって媒介され、価値判断を伴う行動様式である文化をつくり出し、環境に適応してきた。私はそういうふうに、文化というものを言語と価値判断、それから環境に対する適応ととらえております。しかし都市文明の出現以降、人口増大によって地球の生態系は破壊され、その結果、ヒトの生存も脅かされてくる。ヒトへの進化のカギは何か。これは私はネオテニーという現象だと思っているんですけれども、それもあとで述べます〔一五一頁〕。

□区別、偏見、差別

終わりにもう一つ。先ほど川田さんが、差別という問題をおっしゃった。私は人類学から人権をアプローチするときに、徒手空拳でやっているのですが、「先住民族とは何か」をめぐって、「区別、偏見、差別◎」を次のように分けて考えています。

まず区別（distinction）というのは、ある事物が他の事物と異なることを認識すること。これは人間の知恵の基本的な性質。これは科学の原点です。ところが、たとえば赤松良子先生監修の『女性の権利◎』という本を見ますと、「区別も差別である」と書いてあるわけですね。これでは、私どもと一緒に研究はできない。

次に偏見（prejudice）をどうとらえるかですけれども、ヒトは文化を持つ動物である

てアイヌが独自の民族であることを認め、アイヌ語およびアイヌ文化の保護・育成をうたう「アイヌ新法」が制定されたが、差別は依然として存在すると感ずるアイヌの人たちは多い。（尾本注）

◎萱野茂
一九二六―二〇〇六。二風谷アイヌ資料館長として、アイヌ語およびアイヌ文化の保存・記録に力を注ぐ。一九九四年、アイヌ民族初の国会議員となり「アイヌ新法」の制定に尽力。二〇〇一年、アイヌ語によるミニFM局「ピパウシ」を開設した。

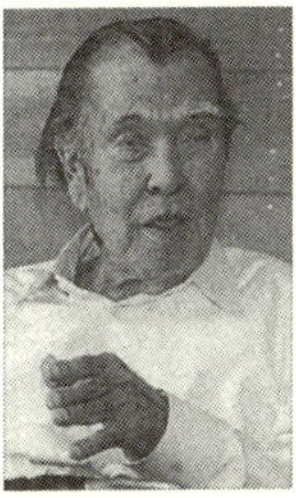

が、偏見はこの文化の能力が本来持っている性質である。つまり、価値判断ですね。ですから、文化は本能とは異なり、集団構成員の価値判断に基づく生活様式です。したがって、偏見とは価値判断に由来する個人的な好き嫌いと言ってもいい。これは学生にわかりやすく言っているので誤解を招くかもしれませんが、そういうふうに私は思っています。ヒトが価値判断をおこなう動物である以上、個人が偏見から完全に脱却することは不可能だろうと思います。とはいえ男女偏見とか人種偏見は、もちろん科学的に誤っているわけですから、それからまた不幸な歴史を生んだわけですから、正す必要がある。けれども、人間が偏見から自由になることは絶対ありえない。

最後に差別（discrimination）ですが、私はこれを、「特定の社会または公人としての個人が人間の価値判断に関する偏見を公に認め、または法律等に反映させること」と理解しています。たとえば、性には生物学的なセックスと社会学的なジェンダーとが区別されますけれども、両者は常に同一ではない。しかしいずれの場合にも、一方の性が能力において優れるとか社会的により重要であるということは明らかな性差別で、過去の歴史の反省に立って国際的合意を求めつつある現代社会においては、あってはならない。また、ある民族集団が他の集団よりも優れているまたは劣るという、人種や民族に関する差別は最も忌むべきものです。しかし、このようなことに関する個人的な感情、差別感は、時に単なる偏見に過ぎないこともありうるので注意が必要です。

◎区別、偏見、差別
尾本恵市「先住民族と人権①アイヌと先住アメリカ人」（『桃山学院大学総合研究所紀要』第二九巻第三号、二〇〇四年）を参照。

◎『女性の権利——ハンドブック女性差別撤廃条約』赤松良子監修・国際女性の地位協会編、岩波書店、一九九九年。

たとえば先住民の人たちと話していると、先住民の人たちの、いままでものすごくいじめられたというところから来る反応が強いわけです。それは、ほとんど偏見に近いものもあるわけですよ。ですからそういうものをわれわれはどこまで偏見で、どこまでが差別で、どこまでが区別かをやはり冷静にとらえていかなければいけないと思います。

川田　区別と偏見と差別を見分ける上で、とくに分子人類学の立場から、これがポイントだというのはありますか。

分子人類学はあまり役に立ちません。ただ、一つ言えるのは、比較宗教学者の町田宗鳳さん〔二一六頁注参照〕が「人間も自然現象である」と言っていて私はすっかり喜んでしまったんですが、要するにDNAは差別の対象にならないんです。DNAは平等なものです、これは情報ですからね。それを差別するとすれば、それは文化です。価値判断ですね。ただ、DNAについては確かにそういうことが言えるけれども、それでは個体の問題はとなってくると、たとえばいろいろな社会的能力がどうかなどが問われてくると、どうしても人間社会では差別の対象になりやすくなります。ただ、集団の場合には、これはもう明らかに政治的に誤った植民地主義や何かに伴って、差別が行われるということ。つまりDNA、個人、集団と、その三つでとらえ方が違ってきます。

□尾本恵市　一九三三年東京生まれ。東京大学文学部独文学科卒業後、同理学部生物学科人類学課程卒業。一九六一年ドイツに留学、ミュンヘン大学で博士号を取得。東大理学部教授、日文研教授、桃山学院大教授をへて総合研究大学院大学・葉山高等研究センター上級研究員（現職）。八八年、『ヒトの発見』で講談社出版文化賞科学出版賞を受賞。チョウの収集家として知られる一方、将棋にも造詣が深く、編著に『日本文化としての将棋』（三元社、二〇〇二年）がある。

さらに先住民に関しては暴力の問題があるんです。私はかねてから、採集狩猟民には動物を狩るときにもちろんアグレッションが必要だけれども、お互い同士で殺し合う、いわゆる戦争はないんだと言っています。ただ、進化生物学者の長谷川眞理子さんによると *War Before Civilization* という本◎が最近出て、それによれば採集狩猟民とか、焼畑農耕民なんかでも戦争の実例がいっぱいあるわけですね。ただ私は、たとえば日本で言うと、縄文時代には戦争がなかったと思う。弥生時代になって戦争が始まったと◎いうのは、これは考古学の佐原真先生。私も完全に同意しています。それに対して、いや、縄文時代にも戦争があったという説もある。考古学では、たとえば骨盤に矢じりが刺さっていたという例はいくらでもあるんです、縄文時代でも。でもそれは戦争じゃなくて、鈴木尚先生によれば、多分個人的なうらみか何かで後ろから射られたのではないか（笑）。戦争ではありませんと。ところが弥生時代になると、人を殺すための特別な矢じりをつくり出す。それは、私は戦争だと思う。だから動物を狩る弓矢でやっている限り、それは戦争ではないのではないかと思いたい。しかし確証はありません。

川田　それでは、続いて西田さんから。ずっと前に西田さんとした対談◎でも、霊長類におけるほかの集団との関係、暴力の問題などを扱いましたね。

◎Lawrence H. Keeley, Oxford University Press, 1996.

◎佐原真『戦争の考古学』（『佐原真の仕事』4、岩波書店、二〇〇五年）などを参照。

◎西田さんとした対談　「サル社会　ヒト社会——霊長類の多様性と普遍性」、『エコノミスト』一九八三年八月三〇日号に掲載。

■集団間暴力の起源

西田利貞

暴力という、集団間の争い、戦いから始めたいと思います。

戦争は人間だけのものであるという意見には僕は反対です。それから採集狩猟民にも戦争はあったと思います。たとえば、北米北西部の漁労民は戦争をしたことが知られています。農耕牧畜が始まって戦争の頻度は高まったでしょうが、採集狩猟時代にだって戦争はあったと思います。なぜかというと、戦争は基本的には、結局人口密度と資源の問題だからです。

戦争が狩猟採集時代以前から存在すると考える理由ですが、ヒトと最も近縁なチンパンジーに戦争類似の行動が見られるからです。チンパンジーの集団のサイズは通常は四〇―五〇頭程度ですが、最近ウガンダで発見されたのは一五〇頭いました。大人のオスが二六頭ですね。大人のメスが完全に個体識別されていないので、もう少し大きいかもしれません。

さて、チンパンジーの集団間は非常に仲が悪くて、縄張りを持っています。彼らはできる限り縄張りの境界線に近づかない。縄張りの境界に近づくとみんな緊張のために下痢をするとか、そういうことがあります。あるいは境界に近づくとき、そこに新しいベッドがあるとそこに上ってにおいをかぐんですね。違う集団のチンパンジーのにおいがおそらくわかるわけです。

もし縄張りの境界線近くで隣の群れのチンパンジーがいれば攻撃します。それはもう、完全に数によって決まっているんですね。向こうも大勢いるなというのは、声とか足音でわかる。それで向こうも結構大勢いるなという場合、攻撃せずにすぐに自分の縄張りの中心に戻っていくんです。一方、向こうが少数で、こちらが有利と思えば縄張りを越えていく。縄張りを超えて行くということは、チンパンジー以外のサルには見られないんですね。ただ一つ知られているのは、ベルベットモンキーというニホンザルに近いオナガザル科のサルで、乾燥地帯で非常に広い縄張りを持っています。食べられる植物の密度が小さいので縄張りが広い。片方の群れの縄張りのなかに大きな水場がある場合、この水場だけは隣の集団のサルが入ってきて水だけ飲んでまた戻っていけるのです。その場合の水は結構量が多いので、いくら飲んでも減るようなものではない。そういった例外を除けば、霊長類では基本的にはチンパンジーとヒトだけが縄張りの外に出て隣の縄張りのなかに入っていく、それで攻撃をするということになります。

ただ、ヒトの場合と違うのは、ヒトの場合完全に組織された戦いになりますね。武器を持って——尾本さんがいまおっしゃったように、武器を持っているかどうかとい

チンパンジーの集団
（西田提供）

う問題はもちろん出てきますけれども——オーガナイズされている。司令官もいたりする。そういうことはチンパンジーにはないわけです。それからもう一つは、先ほど言ったように、片方が小さければもう戦いをやらないという原則です。しかし人間の場合、小さくてもいろいろな策略を使って戦争をしますから、その辺のところは違います。また、集団間の同盟はチンパンジーにはありません。人間だけは、集団間で同盟します。

それからこれも文化人類学で議論があるようですけれども、メスが隣の集団に移ってオスが生まれた集団にとどまるというのは、ヒトとチンパンジーで共通と僕らは言っています。伝統的な生活を送っている社会の六〇％以上で、女性が集団間を移動します。チンパンジーとヒトでは、メスが生まれた集団を離れてオスは生まれた集団に残っているという方が、どうも基本的なものらしい。そういう場合に、ヒトの女性はときどき里帰りをしますね。チンパンジーには、それがまったくない。ただし、最初のお嫁入り先というか——チンパンジーは乱婚ですので一頭のオスにお嫁入りするわけではないですが——そこが気に入らなければすぐに戻ってくることはあります。そういうのを繰り返しているうちにどこかの集団へ行ってしまうんですけれども、いったん落ちついて子供ができたら、もう絶対に帰ってこない。メスは自分の出自出団との関係をひきずらないわけです。それがないので、チンパンジーは集団間の同盟ができな

□西田利貞　一九四一年千葉県生まれ。京都大学理学研究科博士課程修了。東京大学理学部助教授、京都大学理学研究科教授をへて、現在は日本モンキーセンター所長。一九六五年よりタンザニアのマハレ山塊国立公園（八二頁参照）を中心に、野生チンパンジーのフィールドワークを続ける。ほか、ニホンザル、アカコロブス、ボノボ、焼畑農耕民なども研究。二〇〇二年から国連類人猿大使。

いのだと思います。メスはいったん外へ出たらおばあさんと孫の関係もないんですね。

人間は「われわれグループ」と「彼らグループ」といいますか、いったんグループができてしまうと、お互いすぐにケンカになります。しかしそれにもかかわらず、もっと大きな集団をつくって、もともとばらばらだったものを統一してたとえば日本という国がつくられましたが、そういう能力は人間にしかないですね。チンパンジーにはそうしたコミュニティ、集団間でいくつか集まって同盟する、あるいは一つの資源を共有するということはまったく見られていません。そういうところは大きな違いです。

それからもう一つ、僕が最近気がついたことですが、集団遊びですね。子供のときによく小学校で、僕が好きだったのは騎馬戦ですが、もっと小さい子供のでは玉入れがありますね。小学校の一、二年は玉入れをやって競争する。あの場合は、グループごとにやっているわけです。それから棒倒し。僕らは五年生が棒倒しで、六年生が騎馬戦だったんです。綱引きもありますね、綱引きも集団遊び。これはＰＴＡがやる。こういう集団遊びは一番人気があるんです。

僕は最近、チンパンジーの遊びの研究をやっているんですが、こうした集団遊びはまったくありません。もちろん人間では、町に住んでいれば子供の集団のサイズはどんどん大きくなりますから、集団遊びをやりやすいですね。そういうファクターはあります。たとえば三〇頭ぐらいのチンパンジーの群れだったら、一頭の子供に対して、

集団遊び

適当な友達が四頭、五頭、六頭といるのは難しいわけですね。でも一五〇とか一〇〇頭の群れだったら、当然二対二とか、三対三で戦うというのがあってもよさそうなのですが、まったく見たことがありません。ただ、三頭とか四頭でごちゃごちゃ遊ぶことはありますね。そういうことはありますが、基本的には一対一になって、二頭で遊ぶ。あるいは、もう一頭が入ってきて遊び相手の一方をとってしまい、また一対一で遊ぶということはありますけれども、集団遊びにはならない。これはやはり、人間が昔から戦争をやっていた証拠ではないのかという気がします。遊びというのは、大人になってからの行動の練習であるという仮説があります。そうすると、この集団遊びというものは大人になってから戦争をうまくやるための練習である、ということになる。しかも集団遊びは女の子よりも男の子の方がよく遊びますね。そこから考えても、僕は戦争は非常に古いものではないかと思っています。

チンパンジーの子供の遊び
（西田提供）

□宗教と連帯、暴力の起源

それから、ヒトとチンパンジーを分けるものとして宗教があります。宗教というのはどう定義されているのか僕はよく知らないですが、二つ要素がありますね。一つは世界観です。世界をどう理解するかということ、ですから広い意味では科学、サイエンスも世界観の一つだと思います。宗教と科学は最近になって完全に分離していますけれども、それでもはっきりしない分野もあるわけです。もう一つは、最近の戦争で問題になっているように、宗教のなかにリーダーシップや階級制といった要素が入っているということです。一神教の神は全能ですし、多神教でも神様に序列があります。序列は、チンパンジーや霊長類の多く、あるいは脊椎動物に広く見られます。順位の一番高いものに対しては恐れおののくという問題ですね。古い順位制が宗教と結びついていくことが結局、戦争におけるリーダーシップと関係してくるのではないかと思うんです。チンパンジーの世界観には僕もたいへん興味がありますけれども、むずかしいですね。

飼育下では、人間とチンパンジーでは感覚が違います。たとえば京大霊長類研究所の松沢哲郎◎さんのところでは、チンパンジーが飼育者の顔を覚えているわけですね。ところがその顔をさかさまにしたときにぱっとわかるかどうかというのをやると、人間よりチンパンジーの方が識別がずっと早いんです。それはなぜかというと、チンパンジーは樹上にも上るし、上から見たり下から見たりいろいろな方向から見ていますので、早く識別ができないと困るわけです。人間は一応平面を歩きますから、正面を見ればいいので、さかさまの顔を見る必要はあまりないわけですから、その能力がちょっと落ちているのだと思う。そんなふうに、チンパンジーとヒトは非常に似ているといっても、基本的な感覚はやはり少し違うと思うんです。宗教があるかどうかと

◎松沢哲郎
一九五〇―。京都大学教授。数字や漢字を覚え、パソコンの課題もこなすチンパンジーのアイを一歳から育て、さらにアイの息子アユムも加えて霊長類の認知や心の研究を続ける。『チンパンジーの心』岩波現代文庫、二〇〇〇年ほか。

雄のチンパンジーのディスプレー（左右ともに西田提供）

いうのはよくわからないですけれども、ひょっとしてというようなことはある。たとえば大きな滝がありますと、滝の前でチンパンジーが暴れ出します。いわゆる「ディスプレー」です。つまり、二本脚で走って棒を引きずったり、ツタを引っぱったり、岩や枝を投げたり。ほかのチンパンジーがいないのに岩を持って投げるとか、そういうことがある。つまり滝に対して興奮するわけです。滝という現象に対してであって、群れのリーダーに対してではないですが。それから、雷や嵐、大雨がくると、やはり同じようなディスプレーがみられます。ジェーン・グドール◎さんが「レイン・ダンス」と呼んだ現象です。

尾本　死というものに対する感覚はどうですか。ヒトの場合には、ネアンデルタールの例の埋葬が宗教的行為の第一歩だと、考古学的に言われますよね。

埋葬はないですけれども、ただ、死んだときに非常に怖がりますね。自分と同種の仲間の死体を見たときに、恐怖の声を発するということはあります。死体でも、大きな動物の死体に関しては非常に興味を持って見ていますけれど、恐怖の声は上げないという点は違いますね。

川田　いまの話は、やはり集団にかかわる問題ですね。集団間に同盟がないというのは、非常に大きな問題だと思います。

ところでこの攻撃性の問題、暴力の問題については、数年前にレヴィ＝ストロース

◎ジェーン・グドール
一九三六ー。動物行動学者。野生チンパンジー研究のパイ

が「アメーバの教訓譚」という、非常におもしろい、短い論文を書いています。これはレヴィ＝ストロースが随分前からいろいろなところでとり上げているテーマですが、攻撃性と協調、交わるということと攻撃するということが裏表の関係にあるということです。アメーバだと、環状アデノシン一リン酸、これを分泌するものをアメーバは食べる。これが食べる対象です。ところが食べ物がない状態では、お互いにこれを出し合って同盟する。詳しくいえば複雑な話だけれども、要するに同一の物に対する反応が状況によって異なる。これはデュルケームのいう有機的連帯だと。デュルケームは、集団というか連帯に、機械的な連帯と有機的連帯という区別をしたわけですね。機械的連帯は同じものが集まって連帯する、有機的連帯はそれぞれ違う働きを持ったものが結合する。それが見られるというわけですね。

　レヴィ＝ストロースはもっといろいろ例を挙げていますが、これはミクロなレベルでの話です。しかし人間が交わるということ、それから攻撃するということが裏表だといっても、人間が集団になった場合には、少し様子が違ってくる。とくに、僕はやはり宗教と国家が問題になると思う。先ほど尾本さんが挙げられた差別が出てくるのは、一つには国家ができるから、集中した権力装置ができるからで、主流派に対してマイノリティとか差別されるものが出てくるという構造があると思うんです。

　それから宗教の場合に、いま西田さんは世界観とリーダーシップの問題を挙げられたけれども、これはデュルケームはじめ人類学で広く認められている宗教の定義では、まず共通のシンボルがあるということ、それから教団、組織ですね。共通の信仰を持った人間が一つの組織をつくっている。それから聖典があるかどうか。これは、いわゆる大宗教とそうでないものとで違いますけれども。基本的には、共通のシンボ

オニア。一九六〇年よりゴンベの地で研究を続ける。国連平和大使。主著『ゴンベのチンパンジー』。

◎『みすず』二〇〇五年七月号に掲載。

◎E・デュルケーム　一八五八－一九一七。フランスの社会学者。社会の集団的心意から宗教道徳の起源の説明を試み、また人類学、統計学等を応用して社会学における客観主義を確立した。『社会分業論』（井伊玄太郎訳、上・下、講談社学術文庫、一九八九）『自殺論』（宮島喬訳、中公文庫、一九八五年）ほか。

ルと組織が重要だと思うんです。

人間の攻撃性の問題が暴力や戦争につながるというのは、やはり組織や国家ができることと関係がある。国家というのは、暴力装置を独占するわけですね。だから警察というものを持っていて、それが国際的な範囲に拡大された場合に、世界の警察を自認するアメリカなどの問題にもなる。そういう組織との関係で人類史的に見ると、それはまさに大貫さんの領域だと思います。集権的な組織の形成と戦争、あるいは暴力装置の問題についてお話しください。

■長大な人類史のなかで見る　大貫良夫

私ははじめ文化人類学のコースに入って勉強しまして、途中からアンデスの先史学を研究するようになりました。それをいわば専門として何十年か勉強してまいりました。ただ、文化人類学をやった関係で、いわゆる文化人類学の主流としての民族学にも関心があります。人の話を聞いたりするのが楽しみなわけで、それがまた先史時代の歴史を考える上で大きく役立ったと思っております。やはり先史学というのは、長い時代を経て土のなかで生き残ったものがデータですから、どうしても石だとか土器だとか腐らないものがデータの中心になります。そこからいろいろなことを、宗教までをもわかろうとすることには無理があるわけで、わからないことはわからないんです。それでももう少し、いわゆる物的な遺物の記述を一つ越えたところ、もう一つ先まで行きたいというときに、この民族学の知識は非常に役に立つ。ただし、直接「この民族ではこれをやっているから昔もこれだ」と持っていくとすれば、非常に危険です。その辺の基礎教育は、文化人類学にいたことで身についたと思う。その辺の制約に慎重でない考古学者はたくさんいます。考古学者が、「こちらの民族にこんな例があるからこれだろう」などといきなり持ってきて、それで解釈するということ、やはりそれはちょっと違うと思っております。

そんなことで、アンデスの、南米ペルーの文化の、とくに国家が成立していく過程、生まれていく時代をですね、私の先生である人たちが研究しはじめた。食糧生産が始まって国家が成立する時代、アメリカの考古学で形成期と呼ばれている時代です。これがむしろ関心の一番大きなところでして、そもそも私の先生であった泉靖一《せいいち》◎先生がアンデス・プロジェクトを始めたときの中心課題だった。そこで私も、その後を継いできたようなものです。

あのときは、江上波夫先生や泉先生、石田英一郎先生など、みなさん戦前・戦中に、朝鮮半島や満洲や北京にいた方たちですね。それが戦争が終わって引き揚げてきて、それぞれ大学に一応ポストはとれて、研究なり教育を始めることになった。けれども、やはり何か大陸へのノスタルジーというものがあったのではないでしょうか。それで

◎泉靖一

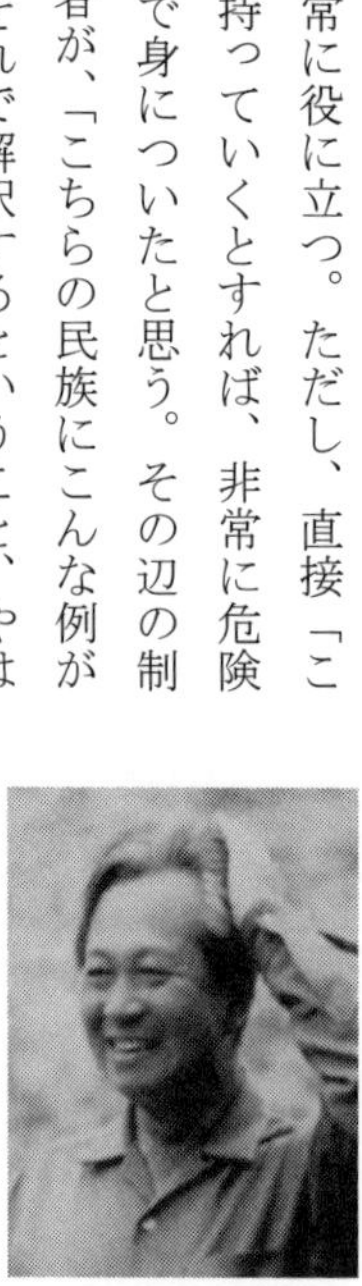

一九一五—七〇。民族学者・文化人類学者。学生時代より探検を好み、各地を野外調査。一九四三年にニューギニアの資源調査団に参加、四五年には蒙古・北支を訪れる。敗戦時は罹災民救済に奔走。五一年に東大東洋文化研究所に入り、石田英一郎とともに文化人類学の研究教育にあたる。国内外でほぼ毎年人類学的調査を行い、ブラジル日系移民の調査からラテンアメリカへの関心を持つ。一九五八年、アメリカ大陸への日本最初の大規模な調査団として東大アンデス地帯学術調査団が派遣

外に出たいということで、江上・石田・泉といった先生方が、新旧両大陸文明起源の比較研究、文明形成過程の比較研究、そういう大きなプロジェクトを考えた。文明の起源とは何か、人類が文明を起こしてきた、いったいその元はどこにあったかと。そういう経緯で、一つは西欧文明の元になるメソポタミアをやったらどうかと。それでイラク、イラン調査団が出たわけですね。もう一方は、それならばそれとはまったく無関係に、独自に旧石器時代の技術なり文化なりから、結局はインカ帝国やアステカ、あるいはマヤの文明を築いていったアメリカ大陸の歴史、まったく旧世界とは独立してできてきた文明の成立過程を研究して、両者を比較するのは人類史的に大きな意味があると。そうした理屈をつけて、片やイラクとイラン、片やペルーへ、ということになったわけです。

いろいろ考えていくと、人間の普遍的な特徴というなかで思い当たることが出てきます。人類に普遍的なものとは何かという議論は文化人類学で繰り返されてきましたけれども、結局普遍的とされるものは文化人類学でいう文化の定義のなかに入ってしまうようなことばかりだ。私が思うのは、言語の重要性が大きいということです。言語に関連していろいろなことがありますけれども、二重分節言語ですか、あれを駆使するのは人間だけだという。それはまったくそうだと思います。これを使うことによって、いろいろな活動の領域がいわゆるほかのサルとは違ってきたところがあって、人

された際の中心メンバーとなり、団長として活躍したコトシュ遺跡調査で国際的な評価を得る。晩年はアイヌ、奄美などを研究。国立民族学博物館、人間博物館リトルワールドの設立にも貢献した。（写真＝大貫提供、一九六三年）

ペルーのワカロマ遺跡発掘
一九七九年　（大貫提供）

間を人間たらしめた一つの大きな要因であろうと思います。それからもう一つはそれとも関係するわけですが、人間の身体の外側に適応のさまざまな手段をつくった。つまり技術ですね。技術の発達をさせたということが一つあります。

それからまた、先ほど尾本さんが価値判断と言われたことがまさにそれなのですが、人間は世界解釈をするといいますか、いろいろな現象を相互に結びつけて、論理体系を作るというか、筋道を立てようとする。世界を何とかして一つの体系として解釈して、納得しようとする、こういう基本的性格が非常に強い。これが、要するに宗教にもなるわけですね。それから先ほどの集団間コミュニケーション。集団間の連合もあればもちろんケンカもあるんですけれども、異集団との共存、コミュニケーション、何らかの交流をする。つまりたとえば、物々交換でもいいですけれども、何らかの形でお互いを認め合う集団間コミュニケーションを持とうとする。

そしてまた、アメリカへ最初にシベリアのほうから旧石器の技術を持った集団がごく少数入っていったのではないかと思うんですが、これが瞬く間にアメリカ中にばっと広まって大繁栄を、動物とすれば大繁殖をしてしまったわけですね。この原因は何だろうと思うと、要するに、ものすごく幅の広い雑食性ですね。何でも食べてしまう。食糧をいろいろなところに求めてしまう雑食性で、植物でも動物でも昆虫でも何でも食べるという、すごい適応性に原因があるのではないかと思います。

ペルー北高地のワカロマ遺跡発掘・一九八九年（大貫提供）

◎「人間的なるものとは何か」『民博通信』六四号、国立民族学博物館、一九九四年、二一六頁。

それからもう一つは、これはいずれ尾本さんや西田さんに聞きたいんですけれども、人間の「発情期の喪失」といいますか、これで立て続けに子供ができる可能性がある。このことも、人口増加に大いに関係しているのではないかと思います。とくに農業が発達して以後は、離乳の時期が早まるか何かして、柔らかい食べ物によって幼児があまり母親の乳に依存しないようになると、ますます受胎率が高まっていくということを聞いています。ほかの動物と違うところとして、この「発情期の喪失」ということもあると思います。

そして先ほどから問題になっている戦争ですね。殺し合いというか、人を殺すこと、個人を殺すことはいかなる社会においてもたまにはあると思いますけれども、集団間で相手を殲滅するような戦争という形態は、これは非常に人間的な特徴ではないかと思います。

以前、「人間的なるものとは何か◎」というちょっといたずらっぽい文章を書いたことがあったんですけれども、「人間的とは何か」というのとは逆に、「非人間的とは何か」と考えたら、どんなことが挙がりますか。人が人を殺したり、集団で戦争したり、原爆を落としたり、あれは非人間的だと思いますね。それから交通違反で、スピード違反者を捕まえたおまわりさんが一律に罰金いくらと科した場合とか、お役所の手続きですからこうです、法律はこうですと、一切ほかの事情を認めないで手続きオンリー

□**大貫良夫**
一九三七年東京生まれ。東京大学大学院社会学研究科博士課程単位取得。同大学院総合文化研究科教授をへて、現在野外民族博物館リトルワールド館長。泉靖一の後を継ぐ、ラテンアメリカ先史学の第一人者。一九八八年より、東京大学古代アンデス文明調査団を率いてペルーのクントゥル・ワシ遺跡を調査。『ラテンアメリカを知る事典』（平凡社、一九九九年）の編者でもある。

でいく場合の、事務的だとか機械的だとかいった性質。要するにそういうことで非難される。おまわりさんが事情を聞いて、いや、家族が急病でスピードを出してもしょうがない、病院まで行くんだという事情がわかると「それだったら今回は見逃しましょう」と言うと、ああ、これは非常に人間的な措置だという。規則どおりにやると非人間的と言われるんですね。そういうことを考えていくと、機械的とか事務的とか、あるいは人殺しだとか、残酷に相手を拷問するとか、そういうことはみんな非人間的です。しかし、これをやっているのはいったい生物のなかでだれですか、どの動物がやっているんだというと、人間しかやっていない。むしろ非人間的だといわれることが実はきわめて人間的です。人間的と言われていることはほかの動物もやっているじゃないかと、そうも言えるのですけれども。そういう非人間的と言われているようなことのほうが、むしろ人間を人間たらしめているところがある。

　アメリカ大陸の場合、先史学をやっていますと、先ほどの戦争の問題について言えば、確かに国家社会ができていくと戦争になるんですね。それまではもうちょっと緩やかな別の社会がどうもあったようで、たとえば神殿というような非常に強い組織があり、宗教を中心に、たくさんの人がある地域社会でまとまっていた。また別なところには別の神殿があってそこでまとまっているけれども、この間に戦争というのはどうもないんです。人を殺すことはあるんですよ、生け贄などで殺すこともあるんです

ペルーのクントゥル・ワシ発掘・二〇〇一年（大貫提供）

けれども、戦争というのはないみたいです。ところが、後の時代になると途端に武装した集団が出てくる。そのかわり、指導者の王様の権威も強くなるし、王様の墓なんか豪華絢爛たるもので、そこに富と権力が集中する、そういう社会になるんです。それまでは戦争がない。お互いに、何か行き来する。

□歴史的変化を考える必要

それからもう一つ他の地域とちがう点がある。アンデスの場合、片一方は高い山に適応して生業を営んで、もう一方は海岸のほうの海とか平地でもって、そこで食糧生産をする。二つの社会の接点になっているところでは、両方が適当に資源を利用し合っていて、ふだんはどうも平和的共存です。同時代の異なる文化の遺跡が混在する。

そうなると先ほどの、自分のテリトリーのなかにある水場も他の集団が利用してもいいといった、それと似たような条件が生じる。とくに接点であるところは暖かくていいところですね。コカという例のコカインがとれるアルカロイドの入った植物がありますけれども、あれがよく育つ場所なんです。高いところ、寒いところにいる連中はコカがとれませんので、そういうところまでやってくる。その辺が一番いいコカが生えるらしくて、海岸地方からもそこに来る。そのあたりはお互いが利用し合って、山系の文化と海岸系の文化の遺跡が混ざり合って存在しているんです。ですから、戦

インカ帝国の戦争
記録者ワマン・ポーマの絵①
（大貫提供）

アンデス高地の耕作風景
（大貫提供）

争が起こるというのは自然に起こるのではなくて、やはり価値判断というか文化的判断によって戦争や集団間のあり方も決まってくるし、それぞれの違いも出てくるのだろうと思います。

しかしそれでも、やはり武装集団を抱えるようになって戦争を始めるのは、どうも国家の成立と関係がありますね。それ以前は、人殺しはあるけれども戦争はない。先ほどの、北西海岸のサケをたくさんとっていた採集狩猟民の人たちですね。あれも多少戦争というのはあるんですが。たまに捕虜にして奴隷にしてしまうとかがあるようですけれども、ただ、殲滅してしまうほどのことはほとんどなかった。戦争といっても小さな集落間のことです。いずれにしても、採集狩猟民時代というのは、土地が広いのと、人口が少ないですから、多少ぶつかってもちょっと形勢の悪いのは逃げれば何とかなった。だから、チンパンジーが最近アグレッシブになっているというのも、あれは森がだんだん小さくなってしまっているという、人口密度の問題に関係があるのでしょう。

西田　そうなんですよ、人口密度が、集団間の攻撃性の高まりに影響を及ぼしていることは確かです。

しかし、住民の人口密度が高くて、チンパンジーの棲息域が圧迫されている所だけ、チンパンジーの集団間が敵対的であるかというと、決してそうではありません。

◎ゴンベ・マハレ・キバレ　詳しくは、西田利貞ほか『マハレのチンパンジー』京都大学学術出版会、二〇〇二年などを参照。

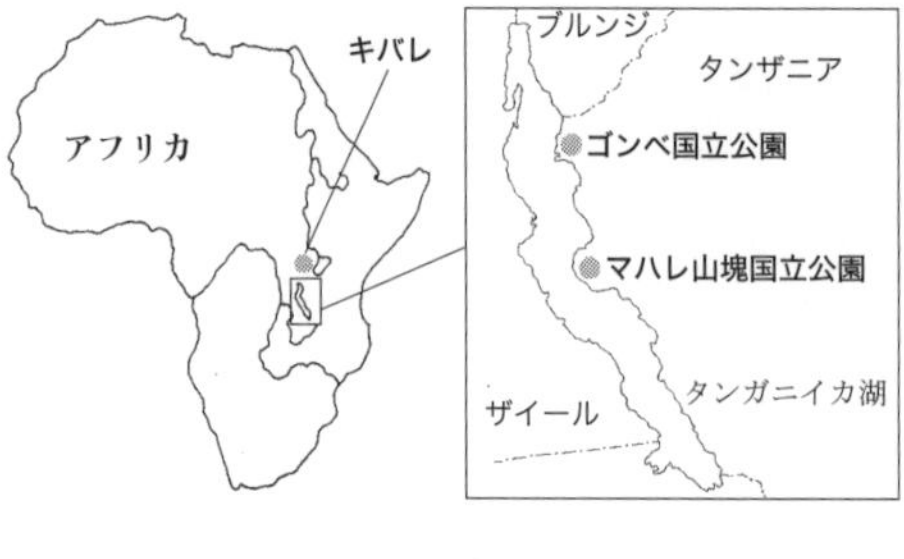

たとえば、同じタンザニアでも、ブルンジに近いゴンベ◎ではチンパンジーの縄張りが縮小しています。しかし、南部のマハレ◎周辺では住民の人口密度は一平方キロに一人で、チンパンジーの棲息に影響を及ぼしているとはいえません。象牙海岸のタイ森林やウガンダのキバレ◎森林も同様です。しかし、どこでも集団間は敵対的なのです。

先史学では、数センチごとの地層の重なりが数百年あるいは数千年の歴史になることさえある。そこで人間の現象を長い時間幅のなかに置いて考えるというくせがあります。それは、ある現象を別の目で見るという利点でもあります。

最近『ジャガイモとインカ帝国』〔東京大学出版会、二〇〇四年〕という本が出たんです。著者は私と仲のいい山本紀夫◎さん。僕は昔からトウモロコシ、トウモロコシと言っていたから、彼とはいつもその点でケンカになるわけです。考古学者は、アンデスがトウモロコシ文明と言っているのはけしからんと、こう言うわけです。ジャガイモだというのです。それでいつもケンカしているのですけれども。ジャガイモなんか、イモなんか食って文明ができるかなんて、ついつい戦後の代用食のことを思い出してしまって（笑）。あんな、サツマイモ、ジャガイモでは力が入るかと。

西田　栄養価は、トウモロコシが圧倒的にいいですよね。たんぱく質が多い。

つまり山本さんが言ったのは、アンデスに自分が初めて行ったときに、トウモロコ

ペルー北部高地のトウモロコシ畑（大貫提供）

シと思って行ったところが、とくに山の方のインディオを訪ねていくとみんなジャガイモをたくさん食べている。それはなぜかというと、ジャガイモしかできないところにインディオがいるからです。かつてインカ帝国の大遺跡のあった、谷間のすばらしいところにはいまインディオはいないんです。全部追い出されてしまって。要するに大農場になったりしている。そこはいまだってトウモロコシをつくっていますけれども、そこでトウモロコシの畑を見たら、芽が出たばかりのトウモロコシ畑のとなりに収穫寸前のトウモロコシ畑がある。暖かい平地なら一年じゅうできるわけですよ。でもそういういい土地は、トウモロコシもつくっているけれどもサトウキビとかお米だとか、ブドウだとかもつくっている。インディオはそういう土地をみんな奪われてしまって、上へ上へ追いやられ、スペイン人が興味を示さない急斜面の寒い高いところに逃げてしまって、村をつくり生活している。そこでできるものは何かというと、もうジャガイモしかないんですよ。

西田　山本説はまだ決着がついていないわけですね。ついていない。だから、ちょっときつい書評を書いたのです。

つまり言いたいことは、現在の民族学の事実だけではなくて、国家や権力が引き起こす戦争を含めた歴史を考慮に入れないといけないということです。

◎山本紀夫
一九四三―。国立民族学博物館教授。アンデス、アマゾン、ヒマラヤ、チベットなどで農耕文化に関する調査を実施。『インカの末裔たち』NHKブックス、一九九二年ほか。

ジャガイモの収穫

■国民国家の成立と戦争

川田順造

まさにこの殺し合い、集団間の殺し合いの問題でも、歴史を見ると一つにはやはり、常備軍の問題、これができるのがかなり新しい。それからまた、いまのテリトリーの問題だけれども、テリトリーで国家が規定される、これも近代国家ですよね。世界大でみると、近代国家以前は、封建制の発達した社会では土地の価値の意味がちがうが、広い意味でいえば、封建制も含めて、集権的国家成立の基盤は人による人の支配です。常備軍も、日本の例を考えてもわかりますが、ヨーロッパでも王様とその側近の将軍がいて、あとはお雇い兵か臨時に徴発した兵士です。だからそういう世俗的な権力間の戦争は、昔は本当に徹底的にはやらない。かなり儀礼的に、途中で手を打ってしまうわけです。けれどもそれが宗教戦争の場合、これは三十年戦争◎なんてもう異なる宗教を信じる者を徹底的に殺す。それこそ血なまぐさい。けれども近代の国民国家成立以後は、テリトリー内の「国民」をまきこんだ、常備軍による殺しあいになる。

尾本 だから戦争の定義が、いろいろありうるんです。私が二〇〇五年四月から行う葉山の総合研究大学の、一つの大きなプロジェクトが「戦争と平和」というものなんです。長谷川眞理子さんなどを呼んでセミナーをやったんですけれども、そのとき

◎**三十年戦争**
一六一八〜四八年、ドイツを中心に、旧教カトリックの信徒と新教プロテスタントの信徒とのあいだにおこなわれた戦争。

にやはり、戦争とは「組織的殺し合い」だという定義から単なる集団間のいさかいだという定義まで、ものすごく幅のある意見が出た。たとえばチンパンジーの戦いは、僕は戦争とは言えないと思う。攻撃性というものはあるわけですよ、動物には必ず。集団間で攻撃性が高まって緊張関係になって、それで殺し合いが生ずるというのはチンパンジーでもあるでしょうけれども、それまで戦争に含めてしまうならば、確かに人間の初めからあったかもしれない。けれども先ほどの例みたいに、川田さんが言った国民国家の成立とか、あるいは一神教の成立とか、何かそういう大きなきっかけが必要ですね。いわゆる文明です。都市文明に伴って、明らかに武器をつくったり専門化した兵隊ができたりした。チンパンジーの攻撃性とは違う。

川田　だからまさにいまのジャガイモの話がそうだけれども、歴史的に見なければならない。日本一つをとってみても、源平合戦のころの一騎打ちの時代、大将が名乗りを上げて一騎打ちする時代から、だんだん集団戦になる。関ヶ原の戦いだって、雑兵はもう全部お雇い兵ですよね。だから簡単に寝返ります。ヨーロッパだってそうです。王様がいて、それに忠誠を誓う将軍というか指揮官はいるけれども、あとはみんなお雇い兵だ。だから、徹底的にやらないわけですよ。王様だって、自分が死んでしまったら元も子もなくなりますから。戦争犯罪人という考え方ができるのも第一次大戦からですね。ただ、宗教の場合はものすごいことになる。それから常備軍ができるのはいわゆる近代国家の成立とかなりかかわっていて、ナポレオンが初めて国民軍を

平治の乱

関ヶ原の戦い

つくったわけですね。それで、ナポレオン軍が強かった。国民軍がフランス国のために戦うという軍隊をナポレオンが初めて作って、それが大変強かった。それ以後の国家は、いまの日本の自衛隊みたいに国民皆兵ではなくて国家の領域内の国民を動員する志願制であれ、かなりの国のように徴兵制であれ、国という単位で暴力措置を組織して、それを国家権力が独占することになった。それが問題です。

それともう一つは、近代国家はテリトリーと結びついている。世界じゅうの土地が国民国家の枠で定められたテリトリーで覆われたのは、人類史上第二次大戦後が初めてだと思います。けれども、国民国家の枠で世界じゅうが覆われ、国歌と憲法ができて……となったとたんに、国民国家は形骸化してしまう。国家を単位として、国民をまきこんだ総力戦の時代は第二次大戦で終わったのではないか。一九四五年以後もたえず世界のどこかで戦争があり、大量に人が殺されていますが、国が単位になって、宣戦布告をした戦争というのは一つもない。つまり国民国家というものが、人間が自分のアイデンティティを託し、そのために命を捧げる単位ではなくなったわけです。

□欧米がつくった近代

近代化の原点に、ヨーロッパ型の技術文化があった。西アジアに形成された農牧文化が起源で、それがヨーロッパに来て独自の展開をとげた。農牧文化に畜力、回転原

ナポレオンの国民軍

理、水力、風力の利用。僕はこの技術文化に見出される指向性を、二重の意味での人間非依存性として性格づけています。つまり、だれがやっても個人の巧みさによらないで同じよい結果が出るように道具を工夫するのが一つ。もう一つの人間非依存性は、なるべく人間のエネルギーを使わないで畜力や風力や水力を使って、より大きな効率を得ようとする。この二つの人間非依存の指向性が、ヨーロッパ近代を支える強力な技術文化をつくる元になったと思うのです。

日本の技術文化の指向性はまさにその逆の、二重の意味の人間依存性です。つまり簡単な道具を人間の巧みさで多様に使いこなす。お箸なんかが一番いい例だけれども、舟を進める櫓とか棹とかもそうですね。それからもう一つの人間依存性は、よい結果が得られるように労力を惜しみなく投入すること。これは現代の企業戦士の残業精神にまでつながっている日本の技術文化の特徴だと思います。これは水田稲作と、とくに徳川幕藩体制のなかでこの第二の指向性が強められたということを、やはり歴史的に見なければいけないと思います。

またアフリカの場合は状況依存。自然と社会の状況に依存しながら、それに対する働きかけをして人間に有利なように取り計らってもらう。つまり自然も擬人化して状況に対して働きかけるけれども、全体としては状況に依存する。◎

とにかく、いわゆる近代の技術文化のベースになった価値観は全部、ヨーロッパで

◎ J. Kawada, *The Local and the Global in Technology*, UNESCO, Paris, 2000 などを参照。

形成された二重の意味の人間非依存性の価値観だと思うのです。そこでは装置の工夫が重要だ。つまり人間以外のエネルギーを使う場合には、エネルギーの元からそれが働くところまでのエネルギーの伝達系を考えなければいけない。そこから車輪や歯車、ベルトや連結桿などができてきたわけで、そうすると結局昔からいわゆる近代まで、ヨーロッパでは技術文化が連続するわけですね。つまり装置ができていると、エネルギーの元が馬であったのが今度それを化石燃料の内燃機関に変えても、それこそホースパワーという言葉で表されているように、エネルギーの元を変えればいい。家畜に犁を引かせるのでも、人間はエネルギーの伝達系を操縦するわけです。人間のエネルギーで引っ張るわけではない。自動車の場合もそうで、自分で引っ張るのではなくトランスミッション系、エネルギーの伝達系に介入するだけになるわけです。

大貫　今度はさらにそれすらやらなくてもいいことになる。ハンドルを動かさなくていいとか。

そう、もっと自動化してくるわけです。結局そういう方向にいくのは、人間におそらくかなりひろくある快楽原則に基づく欲求、「もっと多く、もっと早く、もっと楽に」という、僕はこれを人間の快楽三原則と呼んでいるのですが、何かそういう根本的な要求に、いまお話しした西洋の技術文化の指向性は合致しているわけですよ。これは採集狩猟民だって、アフリカ南部のサン◎のところに鉄砲や馬が導入されてどうなっ

◎サン
ボツワナからナミビアにかけてのカラハリ砂漠を中心に、アンゴラから南アフリカまで分布する民族。通称ブッシュマン。親族の組織化が未発達で、出自集団を形成せず流動的で、物質文化も単純素朴である。

たか、イヌイットだって、スノーモービルの導入によって、価値観とか狩猟環境に対する意識そのものも変わってくるわけです。人類全体としてみても、そういう西洋タイプの技術文化が勝ちを占めた。

□野蛮人から未開人へ

十五―十六世紀には、いわゆる大「発見」時代◎が訪れます。「大航海時代」という言葉は僕は好きではなく、あれはあくまでヨーロッパが外に出ていって「発見」したので、その逆ではありません。その執念と努力の積み重ねがあってつくられた時代なのですから、「発見」は西洋中心だというので「大航海」にしてしまったのでは歴史的な意味づけがなくなる。もちろん「発見」されたアメリカ先住民も日本人もその前からいたわけですから発見には括弧をつけるべきですけれども。そこでヨーロッパ人は、ヨーロッパ以外の世界の人間をはじめ野蛮人（英 savage、仏 sauvage）と呼んだ。サヴェージという言葉は、ラテン語で「森」を意味する silva-、sylva- から来ていて、ローマ神話で Sylvain というのは、森の神です。

十一世紀末までは、フランス語でも salvage と言っていたのが、その後 sauvage に変わったようです。十一世紀頃までヨーロッパは森に覆われていて、それを人間が苦心して切り拓いて畑や集落をつくった。つまり森というのは、人間に開拓されていない、

◎大「発見」時代
もともと「大航海時代」という言葉は、たとえば英語では Age of discovery、仏語では Grandes découvertes と呼ばれる。

オオカミや魔法使いやコビトたちの領域、異界の象徴です。英語の「異人」foreignerというのも、森 forest と同じ語源の foris というラテン語から来ていて、元来は「森の人」という意味ですし、ゲルマン系の森 Wald も、wild「野蛮な」とつながっています。

自然と文化という対比は、ヨーロッパでも比較的新しくインテリが作った、いわば知的な分析概念であって、一般の民俗概念では、人間の住む家を意味する domus (domestic などの派生語もありますが) に対して森 sylva や foris があった。日本の民俗概念の家と野、里と山 (家畜と野獣、里芋と山芋というように)、西アフリカ・サバンナの yiri (家) 対 weogo (荒れ野) もそうですが、それぞれの生活環境に応じた、人間の領域と野生の領域を対置する民俗概念が、文化の違いを越えて見出されると思うのです。

ですから、十六、七世紀の非ヨーロッパ世界との接触の初めの頃は、アメリカ大陸から連れてこられた先住民とか、アフリカの住民は、ヨーロッパ人によって「野蛮人」、自分たちの生活圏とは異質な世界から来た人と呼ばれるわけですね。それが十九世紀後半になると、「未開人」(英 primitive、仏 primitif, primitive) と呼ばれるようになる。「プリミティヴ」というのは、第一の、原初のという意味ですね。つまりはじめは同一平面上の地理的な違いとして認識されていたものが、ヨーロッパ人による征服が進んで驚きの対象にならなくなったとき、今度は「遅れた者」として、時間的な前後関係に置き換えてとらえられるようになる。

□川田順造

一九三四年東京生まれ。東京大学教養学科文化人類学分科卒業。パリ第五大学民族学博士。東京外国語大学アジア・アフリカ言語文化研究所教授、広島市立大学国際学部教授をへて、現在、神奈川大学日本常民文化研究所客員研究員。日本・アフリカ・ヨーロッパの長年の現地調査から、西洋近代を相対化して人類の未来を探求。その方法に基づく技術文化、声や文字、歴史認識をめぐる数多くの研究は、国際的にも高評価を得ている。

十九世紀後半は、ヨーロッパ列強による非ヨーロッパ世界の軍事支配がすすみ、生物学における進化思想とあいまって、人間の文化にも進化の考えが取り入れられるようになる。スペンサー、タイラー、モーガン、エンゲルスなど皆そうですが、当時の西洋社会が人類の最も進んだ状態にあって、ほかのアフリカやアメリカ先住民、東南アジアやオセアニアの人たちは、皆おくれた、原初の発展段階にあるという見方になる。「野蛮人」が「未開人」になる、この認識の変化は重要です。

さらに征服、支配が進んで非ヨーロッパ世界を植民地化してしまうと、初めの頃は軍事征服者とか荒くれ奴隷商人とか、献身的な宣教師しか行かなかった地域に、十九世紀の終わりから二十世紀の始めになるともう支配が完了して安全ですから、絵描きや文人がエキゾティックな美や刺激を求めて出かけるようになる。つまり未開の非ヨーロッパ世界が、審美的な対象、それを味わったり描写したりする対象になってくるのです。

十九世紀半ばの日本の開国の頃にしても、タイと中国はかろうじて独立は保っていたけれども、清朝の中国はアヘン戦争を経て上海などの租界を、西洋列強に蚕食されていた。それ以外のアジアはほとんど西洋列強に植民地化されてしまったわけですね。そこに到るまで、十六世紀から十八世紀末までつづいた重農主義・重商主義を経て資本主義の芽生えまでの、ヨーロッパ主導のアフリカ、アメリカ大陸との関係がありま

◎H・スペンサー
一八二〇―一九〇三。イギリスの哲学者、科学者。天文現象から人間の社会文化現象まですべては「進化」の原理によって生成されると説き、「適者生存」などの概念を普及させた。『社会学原理』ほか。

◎E・B・タイラー
一八三二―一九一七。イギリスの人類学者。「文化人類学の父」とも称される。一八五六年のキューバ旅行をもとに『アナウァク』を著す。『原始文化』等の著作で文化・言語・芸術・道徳・呪術などに対す

す。その中心になったのが、いわゆる大西洋三角貿易、ヨーロッパが、ガラス玉や鉄砲や火酒とひきかえに、アフリカで奴隷を手に入れてそれをアメリカに売って、アメリカ産の砂糖やタバコやバニラや綿をヨーロッパに持ってきて、工業を興して原初的な資本の蓄積をやってという、十九世紀の産業資本主義を可能にした基盤も、非ヨーロッパ世界による非ヨーロッパ世界の収奪の上に成り立っている。

第二次大戦後にイギリス、フランス、オランダ、ポルトガル、それに遅れて加わった日本などの植民地帝国がみな崩壊し、植民地が独立して、十九世紀的なモデルの国民国家をつくって、テリトリーを、国境を定めた。国民国家は十九世紀になってフランスとイギリスがそれぞれ違う形、共和制と立憲君主制という形でモデルをつくっていて、十九世紀のヨーロッパはみな急いでそれにならったわけですね。明治日本もそうですが。アフリカで問題になっている気候変動による飢餓の問題だって、昔は住民が移動して防げたのが、今は国境でとめられてしまう。そのためにまた、紛争や飢餓の問題も出てくるわけだけれども。世界じゅうが国民国家の枠で覆われたというのは、人類史上、一九六〇年代以降が初めてだろうと思います。

だからそこで、集団間の殺し合いについての新しい問題も起こってくる。全部国境が定められている。もちろん国境そのものだって紛争の元になっている。そのなかで、国をつくっているのが文化的にも単一の集団でないとすれば、当然マジョリティとマ

る概念規定を独自に行い、現在の文化人類学の基礎を築いた。アニミズム→多神教→一神教という進化論的図式で宗教を説明したことは有名。

◎H・モーガン
一八一八―八一。アメリカの人類学者。タイラーとともに現代文化人類学の始祖とされる。イロコイ族との交友を通じて親族名称体系の研究を行い、家族・婚姻形態を含む社会制度分析に発展させた『古代社会』を著す。進化論的図式で文明を捉えたこの著作は広範囲に影響を及ぼし、マルクス主義の古典ともなった。

イノリティの問題が出てきて、そこで差別の問題が起こってくる。それに対して、今度は国をクーデターで引っくり返すか、あるいはそれが分裂して別の国家をつくったとしても、これはまたいたちごっこになる。また同じようなモデルで政治社会をつくるわけですからね。どこまで行っても果てしがないわけで、そこで古いモデルの国民国家というものを、今度は国を超えた地域連合とか、国のなかの地域起こしとか、国民国家の範囲の外側と内側の両方で解体していこうとする動きがあって、それはヨーロッパ連合などの形で出てきている。ですから暴力の問題というのも、一方では宗教の問題と、それからもう一つは人類史上初めて世界じゅうを覆ってしまった国民国家の問題が非常に大きいだろうと思います。

◎F・エンゲルス　一八二〇―九五。ドイツの経済学者・革命家。人類学的著作として『家族・私有財産・国家の起源』岩波文庫、一九六五年が有名。

討論

川田　宗教など何らかの原則による排他性を帯びた人間の集団化、定着性の高い農業を基盤にした集権的政治社会、軍隊、警察などの暴力装置を独占し、テリトリーをもった国家の成立などと人間の大規模な殺しあいが関連しているという指摘が出されました。これまで提起された問題をめぐって自由に議論したいと思います。

■農業は原罪か？

大貫　国民国家によって国境なりテリトリーがはっきりしたことと、戦争の問題と二つあると思いますが、国家ができると、いまみたいな地図上できちんと線が引かれたというわけではないけれどもある程度お互いにテリトリーの境界を認め合っていて、そこを侵犯されるとかなり深刻なトラブルが起きる可能性が生じますね。それは国家の成立と同時にどうもあったような気がするんです。

川田　それは場所によって違うと思います。封建制のようなものが成立したところ、定着農業があったところは、テリトリーの観念が発達しやすい。

大貫　国家は定着農業ができたその後じゃないとなかなかできませんよ。

川田　いや、そうでない場合も随分あるわけです。東南アジアだって、アフリカの移動性の高い焼畑農業でも集権的な政治組織はできる。だからそれはまた国家の定義の問題になる。

尾本　その問題は僕もよくわかりませんが、川田さんはマイノリティとおっしゃった。けれども、私の興味は、マイノリティではなくて先住民なんですよ。私のなかでは、全然違った概念です。

川田　先住民でないものが権力をとった場合に、先住民がマイノリティ化される……。

尾本　僕は採集狩猟民には戦争はないと思っているのですけれども、ニューギニア高地民の間には、部族間で一種の戦争がある。何人か死者が出るとお互いに引くんですよね。だけれども、あれは明らかに殺し合い。しかも組織的です。実はあそこは、一万年も前からイモの栽培、農耕をやっているんですよ。だから、農耕民と採集狩猟民とに完全に区別できない人たちです。焼畑農耕などは、採集狩猟民だってやっています。ただ、たとえば中国とかヨーロッパとか大きな文明を見たとき、米とか麦という単一の作物の大規模な集約農業、これは、僕は国家の原点だと思います。

川田　少なくとも封建制の原点とはいえるでしょうね。封建制が成立したのは、中国とヨーロッパと日本だけだとされています。それは定着性の高い、集約的な農業が可能で、土地が生産手段として大きな価値をもったからです。

尾本　最近、農業が人類の原罪だという本◎が出たんです。そういうことはよく言われますが、農業といってもいろいろあるので……。

大貫　そうですよ、そうした議論をつめていくと、もともと人間が生まれたからいけないということになってしまう。実りのある考え方ではない。

◎農業が人類の原罪という本
コリン・タッジ『農業は人類の原罪である』竹内久美子訳、新潮社、二〇〇二年。

■先住民の問題

尾本　先住民について少しいわせてください。

桃山学院大学からなぜ私のような人類学者、それも自然人類学者が招かれたかのいきさつについては前に述べました。そこで私は「先住民族の人権」というテーマに取り組みました。

まず「先住民族とは何か」という大問題がある。数年前、フィレンツェで開かれた国際人類民族科学会議（二〇〇三年）の席上、私は「先住民族と人権」というワークショップを組織しました。そこで、あるアフリカの代表が、「われわれアフリカ人はすべて、植民者の白人に対して先住民だ」と発言しました。だけれども、私は、人類学的には真の先住民は採集狩猟民だと思います。具体的な例をあげれば、南アフリカのサン（ブッシュマン）や中央アフリカのムブティ（ピグミー）、オーストラリアのアボリ

ジニ、日本のアイヌ、フィリピンのアエタ（ネグリト）、極北アメリカのイヌイット（エスキモー）などです。

植民地主義の洗礼を受けたものはみんな先住民だと言い出すと、人類学者としては何もいえなくなる。私は、いままで、たまたま遺伝子の研究でアイヌやネグリトの起源を研究してきた。そして、これらの人々が疑いなく日本あるいはフィリピンの「ファースト・ピープル」であることを確信しました。その上で、彼（女）らが置かれた歴史的状況の悲惨さに対して、怒りと共感を覚えたのですが、人権の問題は人類学者ではなく、法律家とかＮＧＯの人に任せるべきだとも思っていたのです。しかし、年齢的に学者としてのゴールが近くなってくると、人間を対象とする人類学が人権問題に挑戦するのはむしろ自然ではないか、と考えるようになりました。

さて、さまざまな資料から、採集狩猟民の生活の一般的な特徴をあげてみます。まず、一番に、集団が非常に小さい。核家族の集合体、つまりバンドですね。それから二番目が、人口密度がきわめて低いこと。つまり、小さな集団が非常に広い地域に住んでいる。それから三番目が、主食がないということ、雑食性です。多様な食物を食べることが特徴です。それから四番目、食物を保存しない。毎日とって食べる。五番目、食物を徹底的に分配する。獲物をとった人は、独り占めせず、子供から大人から、みんなで分ける。六番目、全員で食事を共にする。これは非常に重要なことです。

フィリピン、アグタ族の少年
（尾本提供）

ところでチンパンジーなどでも、みんな一緒に食事をするんですか。

西田　いや、しませんね。ちょっと違うんです。

チンパンジーの集団は、ふつう、一時的な小集団に別れています。これをパーティと呼んでいます。パーティのメンバーは活動を共にするんです。つまり、食事するときはみな食事する。しかし、特別な場合を除いて、車座になったりすることはありません。同じ果樹の大木にいても、それぞれ別々に食べているのです。「特別な場合」とは、肉食のときです。獲物の所有者のまわりに、分配を求めて多数のチンパンジーが集まってきます。それぞれ食べているので、同じ時間には食べますけれども、いわゆる「共食」とはちがいますね。

尾本　でも今の日本みたいに、子供が親と一緒に食事することがなかなかできなくなっているのは問題でしょう。それから七番目ですが、男女の役割分担。今では、これをいうと評判がよくない。男女差別かといわれます。そうではありませんが、採集狩猟民の何十万年もの歴史の中で、男女の役割分担はおそらく遺伝子にプログラムされていると思います。男が狩猟を中心とする外回り、女は採集を中心とした内回りの生活。それが基本にあると思います。現代でもそうせよといっているわけではありません。

そして八番目、採集狩猟民にはリーダーはいるが階級はありません。有能なリーダーの存在は、動物の群れの特徴です。西田さんはサルの順位制（オスの間に優位性の順番がある）をいわれますが、ヒトにもそれがあるのか、私にはわかりません。

九番目がアニミズムです。自然界のすべてのものに精霊が宿っているという精霊信仰ですね。これは、一神教の宗教の対極にある考えです。

そして最後に、採集狩猟民は自然をとても詳しく認識しているといえます。薬になる植物などを正確に知っていて、一本の木でも部位によって違う名前で呼んでいたりします。これは、先住民族の知的財産の一つですが、いまや文明国の薬屋などの企業によってほとんど収奪されてしまいました。

現代の社会では、採集狩猟民は「文明の落ちこぼれ」だという認識が強いと思います。私は、以前から、そうではないと思っていましたが、最近とてもよい本が出ました。ヒュー・ブロディという英国の文化人類学者の書いた『エデンの彼方』◎です。たまたま、私が「先住民族と人権①アイヌと先住アメリカ人」という論文〔六四頁注参照〕を書いていたときに出ましたので、たいへん参考になりました。現代人が採集狩猟民と農耕民という、まったく異なる生活様式をもった集団から成り立っていることが書いてあり、彼の論点には三つあります。

まず、第一に、採集狩猟民はわれわれ農耕民およびその末裔の同時代人であって、採集狩猟民から農耕民が発展したという一般的な発展図式を否定します。二番目に、

◎ヒュー・ブロディ『エデンの彼方』池央耿訳、草思社、二〇〇四年。

採集狩猟民が放浪者で農耕民が定住者であるとの従来の考え方を否定して、採集狩猟民こそ、土地と緊密な関係にある定住生活者であると。一方、農耕民は遊動生活者であって、世界中に拡散して土地を獲得する過程で採集狩猟民を放逐または虐待しました。そして、ここで聖書がでてきます。

三番目は、聖書の『創世記』は、農耕民の神話で、殺人を犯した農夫カインが移住して、その子孫であるノアが神に「産めよ、栄えよ、耕して地に満てよ」といわれる。まさに農耕民の一族を繁栄させるストーリー。聖書によって植民地主義が指導されている、ともいえます。一方で、聖書がまったく扱わなかった採集狩猟民はたいへんな被害を受けた。

これは、以前から私が直感的に抱いていた考えとも一致します。採集狩猟民は、「文明の落ちこぼれ」では決してないと。確かに、現在ではきわめて少数になって、虐待され差別されているけれども、彼（女）らこそわれわれヒトの原点の「生き証人」だと思います。ヨーロッパでもアメリカでも、世界中どこでも、一万年前のわれわれの先祖はみな採集狩猟民だったのです。その後で農耕民が都市文明をつくり、力ずくで世界中に広がった。そのことを認識し、多様な文化、生活様式を互いに認め合うことができないものか。民族の自主性を尊重すると共に、世界の人類の一員としての自覚をもつことによって、先住民族の人間性回復ができないか、というのが私の動機です。

現代の人類学者の役割、つまり、われわれに何ができるかを考えてみます。

文化をもち、文明を創る動物であるヒト、とくにその行動の進化を明らかにします。遺伝子や脳、言語などの研究が必要です。さらに、現代人が直面している諸問題、環境、教育、平和、人権などの問題はどれも人間の問題、いいかえればヒトと文明の問題であることを認識せねばなりません。また、先住民族の研究者としての人類学者は、国際法の人権といかに折り合いをつけるか考える必要があります。

私は、法学者からもずいぶん教えてもらったのですが、今までの法律学と人類学では決定的に違う点がある。それは、法律が個人を対象としているのに、人類学は集団を対象とすることとです。たとえば、日本国憲法は個人がどうこうと書いてあるが、集団のことは書いていない。それでは、法律と人類学とは相互に会話できないかというと、そうでもないことがわかってきました。

北大法学部の常本照樹教授は、アイヌのことに詳しく、たとえば日高地方の二風谷ダムの事例◎を詳しく調べて国際会議で発表されています。

先生によると、集団という概念をきちんと取り上げないのは、むしろ現代の法体系の問題点である。カナダやニュージーランドでは、国連の基本法に照らして法律が作られている。具体的な事例について、人類学者からご指摘いただきたいと。それに対して、法律家は何ができて何ができないかを検討することになる、といわれました。

◎二風谷ダムの事例
政府によって北海道沙流郡平取町二風谷に建設されたダム。二風谷アイヌ民族の生活文化や信仰にとって重要だった地域であり、計画に対して、沙流川流域住民の萱野茂氏（六三頁参照）らが人間としての権利を求め訴訟を起こした。一九九七年、裁判ではアイヌ民族の先住性が認められ、「ダムは違憲」との判決を得たが、ダムは施工された。

◎有斐閣から出た文化人類学の本
蒲生正男・祖父江孝男編『文

ですから、人類学者が法律のことはなじまないとあきらめてしまうのはよくないと思います。

川田　ただ、法人類学というものはありますね。僕は、昔有斐閣から出た文化人類学の本◎に、法人類学のことを分担して書いたことがある。その領域での文化人類学の研究は随分たくさんあります。現代の法律が集団を扱うかどうかということとはまた別だけれども、法ということを考える人類学の領域はある。

いまの話ですが、僕も基本的に、農耕民が生産性と能率性の考え方からどんどん採集狩猟民を圧迫して今日にいたったと考えることには、大賛成なんです。ただブラジルの例なんかで見ていると、ナンビクワラ◎というのは完全な採集狩猟民ではないけれども小集団の、かなり採集狩猟に依存する割合が高い集団だった。それを、いま一所懸命、政府は定着農業民化させようとしているわけです。それからアメリカのプロテスタント系の宣教師が、個人的な欲望を持たせ、それによって働く意欲をもたせようとしている。プロテスタンティズムと資本主義というのではないけれども。もともとは、彼らの欲望はそういう方向には向っていなかった。

彼らの大きな不幸というのは、ブラジルという国の単位のなかでは、僕が行った一九八四年にもまだものすごい荒地のなかを彼らは移動しながら暮らしていたわけですけれども、先ほど尾本さんが二番目に挙げられた、人口密度が低い。採集狩猟のため

化人類学』有斐閣双書、一九六九年。

◎ナンビクワラ　ブラジルのマトグロッソ州西部、ボリビア国境に近い草原地帯に住む民族。人口は五〇〇〜八〇〇人。かつては純粋に漂泊狩猟民と考えられたが、現在では雨季の焼畑耕作の重要性が強調されている。レヴィ＝ストロース『悲しき熱帯』での分析が有名。

には広大な土地が必要なわけですよ。けれども一方で、ブラジルというのは今は国民国家なんです。まさにそのなかのマジョリティとマイノリティの問題であるわけです。マジョリティ、政権をとっているのは採集狩猟民ではないし、それから国全体の利益を考えた場合には、先住民である採集狩猟民の生活している地域を開発しなければならない。とくにそこで地下資源が見つかった場合には、全部国家に押さえられてしまう。結局これも基本的には、ホモ・サピエンスが増え過ぎてしまったことに問題がある。市場経済に移ったせいもあるでしょうけれども、増え過ぎてしまったから、いまやそういう広大なテリトリーを必要とする生業活動は認められなくなってしまったわけです。

■DNAか学習か

川田　それからもう一つ、男女の役割分担の話で言えば、ＤＮＡとの関係では男女の分業が、遺伝子にインプットされている……？

尾本　その可能性は大です。

川田　基本的には男性の瞬発力と行動力、それから女性の持続力なんですね。右手と左手というのには、差異はない。普通の右ききの人の場合には、右手を動かす力は非常に強い。左手というのは保持。だから人間工学的には、自動車のヨーロッパ式の

ナンビクワラ族の人々（いずれも川田撮影・一九八四年）

左ハンドルのほうがずっと自然だと思う。自転車に乗っている場合でも、左手でハンドルを握って右手を離すのは楽だけど、逆は難しいですね。しかも右と左が女性と男性に対応する、そういうシンボリズムがかなりあります。そうすると、女性の受動的で持続性があって我慢強いのと、男のほうのどんどん出ていって瞬発力があるのとは、右ききの人の両手の機能と文化におけるシンボリズムでは対応するようになっている場合が多い。

それで黒人アフリカの多くの社会でも、性交の標準体位で左というのは女性を愛撫する手なんですね。男性の左手は。それは左手のケガレとかそういう問題とも結びついてきて、また差別の問題にもなる。けれども、それはどれぐらい遺伝子にインプットされているものなのか。

これは前の、尾本さんとの『非文字資料研究』の対談◎のときにも言ったけれども、たとえば瞬発力という点で、黒人はものすごいわけですね。サッカーから、とくにプロのバスケット。これは香原志勢さんも言っているけれども、ドリブル感覚というのはリズム感と強い関係がある。それからサッカーやバスケットで、瞬間的に方向を変えたり。そういう点からいうと、アメリカだって黒人がいなかったらオリンピックでは金メダルが随分減りますよね。水泳に関してはいままでプールの差別があるから黒人は不利だけれども、陸上から球技からみな、もう黒人の世界です。リズム感につい

◎『非文字資料研究』の対談　『非文字資料研究』（神奈川大学21世紀COEプログラム「人類文化研究のための非文字資料の体系化」研究会議発行、二〇〇四年六月）に掲載された「感性のモデル化」。

てはあの対談でも言いましたけれども、かなり生得的なものがあるように思います。

以前、和太鼓の林英哲さんとあるテレビの企画◎で、アフリカのトーキングドラムを林さんが習うという設定でナイジェリアのヨルバ社会◎に行きましたが、天才的なパーカッショニストの林さんでも、彼らのポリリズム◎感覚の習得は、生まれ直さないとダメだといっていました。

アフリカの人のポリリズム感覚というのはすごくて、二人の男の子が缶詰の空き缶を棒でたたいて即興演奏のまねをして遊んでも絶対に同じリズムをたたかない。違うリズムを絡み合わせることに喜びを見出す。土地の人に聞くと、みんな赤ちゃんがお母さんの背中でリズムを覚えると。これは林さんと一緒に行ったときの写真なのですが、まさにお母さんが背中に赤ん坊を背負って踊っている写真を僕は撮っているんです。

それからブラジルに行ったときも、インディオ系の踊りは日本と同じで二拍子、四拍子系なので僕も一緒に踊れるんです。だけど奴隷として連れていかれた人たちの子孫であるアフロ系の人たちのダンスになるともうだめ。ポリリズム感覚です。アメリカ大陸に売られた奴隷は、とくに自分たちの文化的なアイデンティティを保つために、音楽やダンスを一所懸命守ったわけです。だからそういうポリリズム感覚もつよく残っていると思う。

ただ、僕が知るかぎり、北アフリカもポリリズムなんです。だからこれがどれぐら

◎あるテレビの企画
林英哲（一九五二―）は世界的に活躍する和太鼓奏者。一九九〇年三月、TBSで放映された「新世界紀行　太鼓がしゃべる――西アフリカ・ナイジェリアのヨルバ族のトーキングドラムを訪ねて」。

◎ナイジェリアのヨルバ社会
ナイジェリア南西部の熱帯林から、ベニン共和国、トーゴにかけてのギニア・サバンナに居住する民族。

ヨルバの村で（川田撮影）

◎ポリリズム
一般に、複数のリズム・パター

いの範囲、おそらく先住民のベルベル系だと思うけれども、どういうふうにポリリズムが広がっているのか、何がその起源かというのはまだよくわかっていないようです。

大貫　それはやはりＤＮＡですか。それとも学習なんですか。

川田　いや、それはわからない。

西田　僕はＤＮＡだと思いますね。

大貫　僕は学習が大きいと思いますね。黒人の血のまったく入っていないペルー人だけれども、上手ですね。踊りでも、そういったものの感覚は。何人か集まって楽器や何かをたたかせると、やはりちょっと違うと思います。

川田　むしろ逆に考えると、ポリリズムというのは僕たち日本人の単調なリズム感覚からすると高級なリズムのように思えるけれども、それがむしろ常態だとすると、そうではないほうが特殊だと裏返しにも見えるのかなと思います。あの起源については、やはり天才的なパーカッショニストの土取《つちとり》利行◎さんも、彼はアフリカ生活の経験があるんだけれども、狩猟民がヒョウやライオンなど、四足の肉食獣のあとをつけて狙うところから来ているのではないかといっています。アフリカ音楽の好きなジャズドラマーの石川晶◎さんも、日本人の二本足でピョンピョン跳ぶ鳥のリズムに対して、アフリカの人は四足獣のリズムだといっています。

ンが重層的に重なり絡み合う、音楽上の技術・効果のこと。

◎土取利行
一九五〇―。フリーインプロヴィゼーション（即興）の世界的パーカッショニストとして欧米にも知られる。

◎石川晶
一九三一―二〇〇二。著名なドラマーでアフリカをこよなく愛し、晩年はナイロビに移住、貧困にあえぐ子どもたちの援助活動にも携わった。

■先住民の人権

大貫　先ほど提起された尾本さんの問題に戻りましょう。先住民族とか、暴力というメインテーマがあると思います。要するにマイノリティではなくて、先住民だということはわかる。けれども、先住民族を採集狩猟民に限定するというのは問題です。たとえばアメリカ合衆国の先住民族といった場合に、東部のイロコイ◎とかズニ◎とかプエブロ・インディアン◎、それからもう一つは南東部にいたチェロキー◎とか、例外がたくさんいます。これらの人々の生業形態は農業なんです。完全に定着農業をしている。中南米の先住民は、人口比にすれば九九パーセントは農耕民です。

尾本　初めから農業ですか。

大貫　初めからというか、つまり二千年ぐらい前からですね。

尾本　むろん農耕民の先住民族はいっぱいいますよ。先住民族が、ある地域に先に住んでいた集団というだけの意味なら、先ほど言ったように、アフリカの都市生活者でもヨーロッパ人植民者に対して先住民族です。しかし、人類史を見れば、世界の多くの地域で採集狩猟民が先住民族で、農耕民が後から来た人たちである場合が多いでしょう。逆の例はないと思います。

大貫　ブラジルも全員が、ナンビクワラだって多少ありますけれども、ほとんど農

◎イロコイ、ズニ、プエブロ・インディアン、チェロキー
イロコイは北米インディアンの一部族。もとはニューヨーク州に住んでいた。部族間の連合と強い組織制度をもったことで知られる。プエブロ・インディアンは南西インディアンの一グループの総称。ニューメキシコ、アリゾナに住む。ズニはその一部族で、農耕をおもな生業とする。ルース・ベネディクトが『文化の型』でズニ文化を「アポロ型文化」の典型として論じたことは有名。チェロキーは南東インディアンの一部族。一八三〇年のアメリカ政府による「インディアン強制移住法」で「死の行進」を強いられた悲劇が知られる。

◎アパッチ族、ナバホ族
アパッチ族は南西インディアンの一部族で、先史時代にナ

耕民なんですよ。それからエクアドルも全部農耕民です。だから先住民かどうかというのは、農耕民か採集狩猟民かで分けるのはどうかと思う。やはりこれは、社会的概念だと思います。

尾本　そうですか。たしかに、先住民族イコール採集狩猟民と言えないことは認めます。しかし、人類史の上で、現代人がもとはみな採集狩猟民で、後に農耕民が出てきたという事実は重要なことだと思います。

大貫　ただ、問題は先住民の権利。権利というのも大事だけれども、これも難しい。たとえばアパッチ族がアメリカにいますね。それからナバホ族◎というのがいて、プエブロ・インディアンというのがいる。でも歴史的にはアパッチ族やナバホ族は後からあそこに攻め込んできている。そうすると……。

尾本　政治的な発言がありますね。だから、われわれ人類学者が言う先住民と、彼らが自称する場合とではまた違ってきますね。

大貫　そうなんです。アメリカはわれわれのものだというけれども、いまさらアメリカを全部インディアンに返すわけにはいかないでしょう。

尾本　いままで、アイヌの人たちの多くは、自分がアイヌだということを隠していた。しかしこのごろはみなさん、「私もアイヌだ」と言い出しました。しかも、関係のない和人の中にもアイヌを自称する人が現れて、アイヌの人たちからはお前さんは違

バホ族とともに北方から南下してきたと考えられ、さらに諸族に分かれる。ナバホ族も南西インディアンの一部族。いずれもアリゾナ、ニューメキシコ、ユタ、コロラドの砂漠に住む。

先住民の住居跡
メサ・ベルデ遺跡
米国ニューメキシコ州・西暦一〇〇〇年頃（大貫提供）

うと言われるケースも出ています。

大貫　そう、だからそれは利害と関係するでしょうね。

尾本　一つ、大貫さんに伺いたいことがあります。ユーラシアでは、西アジアあたりから農耕民が拡散していって先住の採集狩猟民を追いやり、また後では植民地主義と合体してアメリカにまで広がったという図式があるわけです。ヒュー・ブロディは、これらの採集狩猟民と農耕民とはもともと違う集団だといいます。しかし、アメリカでは、採集狩猟民であるイヌイットとかアタバスカン◎などがいる一方で、トウモロコシの農耕に基づいて大文明を作ったインカやアステカなどの集団があるわけです。しかも、これらの集団がもともと違う人たちだったとは考えられない。その両者の関係はどうだったのか、私にはよくわからない。ユーラシアとアメリカとで何か違いがあるのかどうか、ヒュー・ブロディはその辺については説明していません。

大貫　北アメリカにはそこまでの大文明が広がっていなかったというか、なかったですからね。

尾本　中南米にはすごい文明があったではないですか、メキシコとかマヤとか。

大貫　それは単純な農耕民のなかから何か社会的変動が起きて、いわゆる国家とか文明社会になったのでしょう。その後で、これが広がります。周辺の異民族をとり込んでいく。それで、ある程度まではいきます。アステカの場合はそれほど広がってい

カホキア遺跡のピラミッド
米国イリノイ州・西暦一二〇〇年頃　（大貫提供）

◎アタバスカン
北米アラスカ州からカナダ北部に分布する先住少数民族。アジア大陸からの移住の時期はイヌイットより古いと考えられる。

ませんけれども、インカの場合はすごいですよ。侵略していく。侵略しながら、他の民族をとり込むんです。ただし殲滅するわけではない。初めに使節を送っておいて、平和的にわれわれのなかに入るか、抵抗をするのかと交渉するわけですね。抵抗するとなると、戦争になってしまう。戦争になるけれどもある程度でおさまって、もう降参しますと。

尾本　大体いつごろ、何世紀ごろですか。

大貫　それは十五―十六世紀。十五世紀が多いです。

尾本　では、コロンブスの直前ですね。直前までそうだったわけですね。

大貫　ええ。それが広がっていって、結局インカ帝国の場合それぞれの文化伝統はその土地に住んできた人々のものだということになる。宗教も何も強制しない、どうぞご自由に。ただし一年に何回か、国家祭祀としてのお祭りをやるから、それはやってくれと。それから言葉も一つのリンガ・フランカ〔lingua franca 共通語・公用語〕を覚えてくれと。地元の言葉はどうぞ、けれどもほかに一つ共通の言葉は覚えてくれと。

貢物は、労働で出せというんです。つまり土地の一部を国の土地としますから、みんなでこれを耕してくださいと。そこから出た産物だけはとり上げます。あとのものは全部どうぞご自由に、となる。

これは日本の年貢とは違うんですよ。日本の年貢は数で決まっていますから、何石

インカ帝国の戦争
記録者ワマン・ポーマの絵②
（大貫提供）

というふうに出せと。だから凶作になってもとにかく何石か出さなければいけません。すると来年の種籾《たねもみ》まで出さなければいけない。インカの場合この土地でできたものだけは国がとりますが、あとは全部普通だったら食べられるだけのものはあなたがたに入りますと。凶作になれば両方とも凶作ですから。

西田　それだったら、共同農場というのがありましたよね。イスラエルとかロシアでやっていた。あれはサボタージュでダメになりますが……。

大貫　それとはまたちょっと違う。自分たちの生計を立てるための土地がきちんとあるんですよ。それと別に小さな土地があって、そこは集団で、みんなで行って耕そうと。すると、お祭り騒ぎなんですよ。そのかわり耕している間は、国が、去年とったものをみんなにご馳走して、酒も飲ませ飯も食わせ、上等の織物や貴金属製品なども分配する。

尾本　大体わかりました。ただ、人種主義の影響下で単純で危険な考えが出てくることを指摘したいと思います。一方で、「白人（ヨーロッパ人）が悪い」という考えがある。とくに、一神教（ユダヤ・キリスト教やイスラム教）とエスノセントリズムが植民地主義と結びついて世界中を支配した、という考えです。それに対して、「アメリカだって、独立の文明として大きな征服国家があったではないか」、要するに巨大権力が発生すれば、宗教とは無関係に、どこでも同じようなことが起きる。つまり、征服や

モチェ文化（一世紀から七世紀にかけてペルー北海岸に栄えた）の土器に描かれた戦闘。敗れた兵士は裸にされ、生け贄にされる。（大貫提供）

植民は並行現象だという考えがあります。

大貫　そうそう、問題はその先、まさに価値判断の領域で、帝国としてあるいは国家としての人民をどう見るかという見方が、ヨーロッパ人とそれ以外の帝国主義の国とで違ったと思います。中国帝国も違うだろうし、アメリカ帝国も違うだろうし。

尾本　それから人間の生け贄をものすごくするでしょう。生け贄をあまりやり過ぎてしまって、それで人口が減ったんだなどという説もあるぐらいで。あれはどういう人たちなのですか、生け贄というのは。嫌々やっているのですか、それとも喜んで生け贄になるわけですか。

大貫　難しいですね、ちょっとよくわかりません。

尾本　強制ではない？

大貫　ある意味で強制です。つまり慣習です。慣習という強制力でしょうか。そのために戦争に行って、強引に捕虜などをとってくる場合もありますから。社会によっては自分のステータスとして、一種の通過儀礼みたいな形で、成人式のときに成人になるために一人人間の首を狩ってこいとか、そういうこともあるわけです。

尾本　やはり、巨大権力が問題でしょうか。中国でも、権力者の墓に殉死の証拠がありますね。だから、強制による殺人もまた並行現象でしょうか。おそらくＤＮＡには関係ないと思います。

川田　殉死は、アフリカでも旧ベニン帝国などにありましたよ。

大貫　ペルーでもそうです。権力者のお墓の周りに、殺されている人間が結構きちんと埋められているんです。若い女性が何人といったふうに。

それから、どうも墓の番人をするために、墓室の壁にニッチ〔隙間〕をつくってそこに見張りの男を一人埋めているんです。それは、足がないんです。足首から下が。歩けない。つまり、どんなことがあっても逃げないで王様を守れと。埋葬前の生死は不明ですが、目的はそういう意味ではないかといわれています。

尾本　解剖学的に調べればわかるでしょう、切られてからどれぐらい生きていたかということは。埋められていたとしてもわかります。

大貫　王様のお墓を埋めたときに、すぐに殺されているのかもしれない。ただ、殺すと同時に死体から足先を全部とっていってしまう。

■漢文化の位置づけ

尾本　それから先ほどの川田さんの、西欧文明の指向性ですが、中国についてはどうなんですか。

川田　それがよくわかりません。先ほどの三つのモデルは理念型としてつくったものので、それがすべての社会に当てはまるというわけではない。だからそれを僕は、ユ

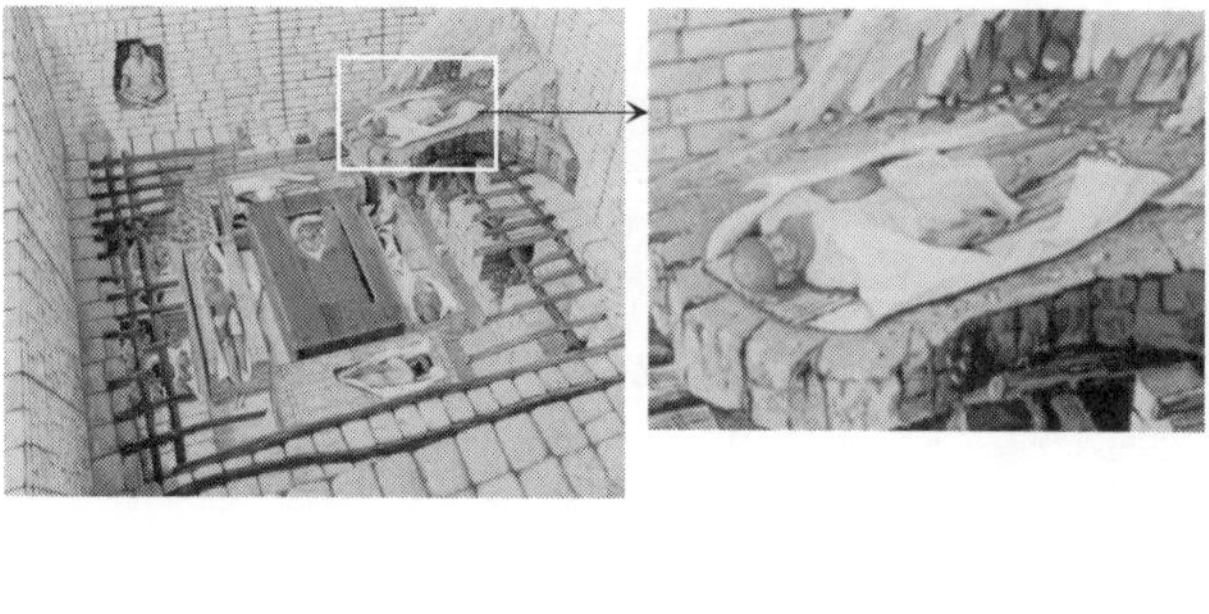

モチェ文化・シパン王墓（三世紀頃）復元図。木棺右上に足を切られた男が横たわる。

ネスコから出した本でも、ＡＢＣという形で、日本とかヨーロッパとかそういう名前をまったくつけないでモデル化したのです。そうすると、Ａ'、Ｂ'、Ｃ'というのもあるかもしれないし、そのほかにＤとかＥもあるかもしれない。

尾本　どちらかというと、中国は西洋に近いでしょう。

川田　いま僕が漢民族とモンゴルを調べているのは、そのあたりに興味があるからです。たとえば、車輪の使用という点から言うと、これは少なくとも漢民族やモンゴルは日本よりもずっとヨーロッパに近い。だから車輪などの文化は、大体中央アジアから横に広がっていったからヨーロッパと共通するといえるかもしれない。

一つ僕がとても感銘を受けたのは、秦の始皇帝の兵馬俑に、始皇帝の馬車の模型がある。あの馬車に、ブレーキがついている。これがやはり車輪文化の精神だと思いました。つまり車を動かしたら止めることを考えるというのは、やはり車輪文化の根本です。前にフランスの農村調査でノルマンディーに行ったとき、これはノルマンディーだけでなくてどこでもそうだけれども、十九世紀に使った干草を積む荷馬車、こんなものにもちゃんとブレーキがついているのを見たんです。日本では、荷車にブレーキをつけるなんて考えなかった。日本の地形からいって、家畜に引かせる車輪、とくに速く走る車の文化はあまり発達しなかったからです。動かしたら止める装置を考えるというのが、僕はノルマンディーの田舎で見たのと、秦の始皇帝の馬車とがつながっ

兵馬俑の馬車の模型

て、すごいなと思った。けれども、そうした車輪と馬の文化というのは、中国でも中央アジアのほうから来ているわけですね。中国でも南のほうに行けば、まさに南船北馬で全然違うものが出てくるわけです。

だから中国の場合も、漢文化の場合も、歴史的に考えなければいけない。たとえば家具というものが発達して、腰かけが盛んになってくるのは唐の時代からだといいます。その前は、むしろ地面、床面に座る。モンゴルの場合は、僕はまだ勉強をはじめたばかりですが、低い腰掛けが発達していますが、女性はかなりよく床面に正座するし、男性も戦の捕虜とか地位の高い人に改まってお願いをするときなどに両足を折って正座をするようです。これも、やはり歴史的に考えないといけない。

■人類の人口増大

尾本　先ほど、人口増大が諸悪の根源ではないかという話がでました。私もそうだと思います。それについては、有名なローレンツ◎の『文明化した人類の八つの大罪』◎の筆頭にあげられています。人口過剰はむろん地球の資源を枯渇させます。しかし、それだけではなく、ローレンツは、過密によって社会的接触が増えて攻撃性が高まることが問題だと言っています。採集狩猟民では、広い地域に散在していて人口密度が非常に低いため、互いにあまりけんかもしない。しかし、都市では過密のため争いが

◎K・ローレンツ　一九〇三―八九。オーストリアの動物行動学者。コクマルガラスなどの野生観察を通して「行動の生得的解発機構」という概念を確立。『攻撃』（日高敏隆・久保和彦共訳、みすず書房、一九八五年）『文明化した人間の八つの大罪』（日高敏隆・大羽更明訳、新思索社、一九九五年）ほか。

たえず、さまざまな異常行動が多くなります。
ネズミの実験でも、小さなケージに詰め込むと共食いを始めることがわかっています。つまり、人類史の上で文明は異常な現象ですが、そのことがあまり認識されていない。一方的に「文明はすばらしい」などといわれる。むろん、文明は「諸刃の刃」です。

川田 僕がかねがね言っているのは、いわゆる近代ヒューマニズムがいま破綻しているということです。先ほど言った二重の意味の人間非依存性の元になっているものを、僕は「創世記パラダイム」と呼んでいて、英語やフランス語で書いたものにもそれを使っています。この「創世記」というのは結局、人間中心主義なんですよ。神は人間を自分の姿に似せてつくって、ほかの動物は人間に従属するようにした。初めから、人間は世界の王様だと。しかも人間をつくったとき同時に、神は「産めよ、増えよ、地に満ちよ」と言っている。

尾本 あれがいけない。

川田 それをいま、実践できなくなってしまった。しばらく前のカイロで開かれた国際人口開発会議◎でも、いわゆる先進国側はアフリカやインドに向かって人口を家族計画で抑制しろと言っています。けれどもアフリカの農村を実際に見ていても、しばらく前の日本と同じで、子供の数が増えることは実質的に豊かになることなんです。つまり耕作可能面積の広い、土地所有観念がなく、移動性の大きい焼畑農耕をやって

◎『文明化した人類の八つの大罪』（K・ローレンツ，1973 年）

① **人口過剰**……社会的接触の過多から攻撃性がたかまる
② **自然破壊**……資源の枯渇、自然に対する畏敬の念の喪失
③ **競争の激化**……競争手段としての技術の発達、国家はあたかも異なる生物種のように殺し合う
④ **感性・情熱の萎縮**……科学技術の過大な進歩によって虚弱化
⑤ **遺伝的衰弱**……自然淘汰の消滅による
⑥ **伝統の破壊**……急激な価値判断の変化、世代間の対立
⑦ **教化**……教育・マスコミによって画一化
⑧ **軍拡・核兵器**

いるところで、土地を価値あらしめるのは人間の労働力です。だから先ほどから問題の、国家形成、集権的政治組織の成立においても、人による人の支配、土地の支配よりも人の支配がまず重要だ。結局人手がふえればそれだけ農作物もたくさんできる。それからもう一つ、死後、後生を弔ってくれる子孫がふえるということ。これは、日本でもしばらく前までは大事なことだった。自分の後生を弔ってくれる子孫がいなければ人間としてみじめだ。そういうところからも結局、カイロの会議でも、出産制限には強い反対があって、合意が成立しなかったわけです。ただ、エイズ対策としてのコンドーム使用の奨励もあって、アフリカでは別の観点からも、出産制限の問題が重要になっていますけれども。

結局、西洋の近代ヒューマニズムというのは、キリスト教といわゆる近代技術、医療衛生観念ですね。それが結びついてあるところまでは行ったけれども、いまやそのままではもう通用しなくなった。アフリカなどではエイズの問題があるけれども、ヨーロッパから見たらやはり大変な勢いで人口が増えている。インドだってものすごく増えているわけですね。だからヒト学としては、こういう人口の増え方の地域差の問題を考えるべきだと思う。いわゆるGエイトだとか先進国を自称しているところでは、出産を人工的に抑制する。僕はかねてから、受胎調節というのはすでに生まれている人間の既得権を守るための予防殺人と見ることもできるのではないかといっています。

◎国際人口開発会議
一九九四年に開催された国際会議（通称カイロ会議）。一七九カ国の代表が出席し、リプロダクティブ・ヘルス／ライツの向上が今後の人口政策の大きな柱となるべきことが合意された。人口問題と開発問題が密接に関連し、相互に影響しあうという考え方が国際的な共通認識となった。

つまり、すでに生まれている人間が、自分たちが脅かされないためにこれから生まれてくるものを予防殺人する。だからそれは水子や何かと同じで、出産以前ならばヒューマニズムに反しないと。これは、それこそあとで問題にする生命倫理の問題になってくると思います。

大貫　人口増加のカーブはごく最近というか、ここ百、二百年の間に急上昇カーブになっていますね。

尾本　コールという人口学者が先史時代以降の人口増加◎を図示しています。それによれば、すべてのヒトが採集狩猟民だった約一万年前、世界人口は約八百万人と推定されます。その後、農耕や都市文明の発生と共に人口は増えて紀元〇年頃には約三億に増えます。しかし、人口爆発といわれる極端な人口増加が生じたのは産業革命が起きた十七世紀頃からのことです。

川田　もう一つ問題なのは、大きなアンバランスがあること。集中と過疎。ヨーロッパと日本もそうですが、農村はもうどんどん過疎になってしまうでしょう。アフリカでも、かなりそうした傾向が見られるわけです。たとえば僕がつき合っているマリやブルキナファソにしても、まだ耕やされていない耕作可能な土地がいっぱいある。だからもし人口がふえても、そこに均等に人が入植してそれをみんな価値ある土地にすればまだまだかなり養えるけれども、農村をすてて都会に集中してしまう。そうする

◎先史（新石器）時代以降の人口増加
（尾本恵市・鳥居正夫・玉野井芳郎『文明をつくる動物』共立出版、一九七七年より）

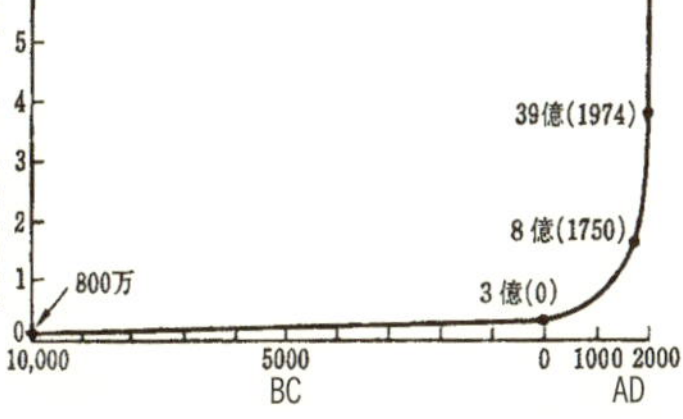

と結局、食糧を生産しない、消費するだけの人口がふえる。それから人口のふくれあがった都市で炊事をするための燃料をとるのに、乱伐がドーナツ型にどんどん広がっていく。人口の過疎と過密のアンバランスが世界的に見ても、それから国内的に見ても広がっていく。日本だってあまり過疎になってしまって、今度は広範囲で無理な町村合併をやるというようなことになる。

大貫　そう考えると、どうも二つ原因がある。その究極原因は、先ほど川田さんがおっしゃった近代技術の基礎的性格なんですよ。一つは、人間の肉体をなるべく使わない技術がハイテクであるということ。それから、だれにでもできるのがハイテクですね。コツや熟練が要らないで何でもできる。確かに昔だったら御飯を炊くのも大変だったけれども、いまは電気釜でちょっとやると簡単にできてしまう。もう一つは、目的達成までの時間を短くするのがいいことだという価値観がありますね。先ほどの「もっと早く、もっと多く、もっと楽に」というのが人間の快楽三原則、という話ですが。

僕は最近、高知工科大学というところに非常勤で行くんです。工業大学ですから、建築や建材だとかいろいろな研究をやっているでしょう。そこで、工業とは別な話をしろというわけです。そのとき僕は思いついた。インカ帝国を見てくださいと。あの巨大な石をあんなに不定形な形にして、ぴたぴたと合わせたあの大建造物が鉄なし、

◎鉄なし、車なし、何もなしでできている
次頁写真は泉靖一編著『インカの奇蹟』(世界の文化史蹟・第九巻、講談社、一九七八年)より。

車なし、何もなしでできている◎んですよ。

川田　大型家畜なし。

大貫　牽引用の家畜なし、車なしでしょう。しかもあれはおそらく一人の王様の代でやっていますから、せいぜい最大限二〇年ぐらいでできてしまうんですよ。

　そこでいまのハイテクの、わが日本の清水建設でも大成建設でも、聞いたんです。「これをつくれますか」と。そうすると「トレーラーがまず何十台、何百トン載せられるだけ必要で、道を築いてこうやらなければいかん」というわけです。「そんなの何も要らない」と言ったら、「それではできっこない」と。できっこないって、現にあるじゃないですか。そうするとそういうテクニック、テクノロジーをどうしてハイテクと言わないのか。ですからちょっと考え方を変えてみて、近代技術でやれば一〇年でできるかもしれない時間を、二〇年にする。それから人間がちょっと汗をかかなければいけないのはつらいですけれども、そのちょっとつらいのを我慢すればいいのではないか。肉体労働はつらいというけれども、逆にスポーツは喜びだという。肉体労働以上の体のエネルギーを使って喜びの持てるものというのがあるんですね。

尾本　川田さんが「快楽の三原則」と言われましたが、「人間にとって幸福とは何か」というのは重要なテーマです。京都にいた頃（一九九四―一九九九年）、私は国際高等◎研の研究会に参加しました。そこで、仏文学の中川久定先生や社会学の吉田民人先生

インカ帝国の首都クスコ
サクサイワマンの城砦

が「比較幸福学」というプロジェクトを開催されていました。人間の幸福の条件には四つあるというのです。第一は楽しむこと、第二は自己になにかを課すこと、第三は達成すること、そして第四に人間関係ひいては「愛」だというのです。非常に面白いと思いました。

川田　いまのお話に関連して。『スモール・イズ・ビューティフル』〔講談社学術文庫、一九八六年〕を書いたシューマッハー◎は、ガンディーの影響を強く受けていて、働くということ自体の価値をもっと認めるべきだという。ガンディーもそうですね。働くということはつまり、僕はそれを『開発と文化』◎のなかに何度も繰り返し書いたけれども、日本語でも「あっぱれな働きをした」というように、単に何かを生産するための手段ではない。けれどもたとえばフランス語のトラバーユ（travail）というのは、トリパリウム（tripalium）というローマ時代の刑罰の三本木から来ていて。三本木に縛りつけて、拷問にかけて白状させる。そういうつらいことであると。だから、それを耐え忍んで早くバカンスに行こうという、耐え忍ぶべきものになっている。けれども、働くこと自体の積極的な価値をやはり認識する必要が一方ではあると思うんです。

もう一つは、それも『開発と文化』に書いたけれども、先ほどの快楽三原則に矛盾するような行動も人間はします。前に、モロッコ南部の海岸にも近い地方の、豊かな村に調査に行ったことがある。そこは小麦がよくできるし、気候温暖でオレンジもと

◎国際高等研　財団法人・国際高等研究所。京都の南、京阪奈学園都市にある民間の研究所で、一九八四年に設立。

◎E・F・シューマッハー　一九一一―七七。経済学者。ドイツに生まれ戦後英国に帰化。石油危機を予言し、現代の経済・技術・物質至上主義文明に対する根底的な批判を展開した。

◎岩波講座『開発と文化』　全7巻、一九九七―九八年。

れる。牛やヒツジがいっぱいいてハチミツもとれる。海から海産物も来る。だから行く先々でパンにハチミツとバターをたっぷり塗って出してくれて、それから食事どきになるとヒツジの肉を米に添えて御馳走してくれる。だからこんな、僕たちみたいに狭苦しい、汚染だらけの日本から行った者から見ると、なんと楽園のようなところかと思うけれども、土地の若者はそこを捨てて犯罪都市カサブランカに行く。別にあてがあるわけでもない。カサブランカみたいに犯罪が渦巻いて、空気も汚いし、そこに行っても職の当てがあるわけではない都市に、若者は行きたがる。その土地の人が言うのに「あなたはたまにこういうところに来るから、ここは天国だと思うかもしれないけれども、一生ここで暮さざるをえないと思ったら、若い人はやりきれなくなって出ていく」と。これは、だからかなり矛盾した現象です。ただ、昔はカサブランカのようなところはなかったし、交通や情報もいまのように発達していないし、村のなかで一生を終えるというのが当り前だと思っていたから、みんなそこで生きていたんですね。

大貫　都市の持つ魅力というやつですね。都市がおもしろいんですよ。

尾本　文明が持つ魅力、とくに機械文明がもたらす便利さが問題です。エネルギーの無駄と知っていながら、つい使ってしまう。私の場合、トイレのウォシュレットがやめられません。なくてもかまわないものですが、電力消費を考えれば、大変な資源の無駄遣いになっているはずです。

西田　日本の発明でしょう。外国にはないですね。

大貫　日本からの土産で、みんなそれを持って帰るといいますね。

川田　それについては、僕も少し言いたいことがあって。『芸術新潮』◎にも書いたけれども、日本人の異常な皮膚感覚。尻の皮膚感覚。これがとても大事です。海外旅行グッズのところに、便座クリーナーというのが必ずあるでしょう。これは単なる清潔志向というのではなくて、たとえば日本のスリッパ文化と関係があるんです。日本みたいに、どこの家でもこんなにスリッパがたくさんそろえてある国はない。病院にしても一昔前の学校にしても、みんなスリッパでしょう。もし、スリッパで畳の上に上がると汚いと思う。まして座布団とか、いわんや寝るふとんにスリッパで上がったら気持ちがわるい。けれども足袋とか裸足で廊下を歩いて座敷に入っても平気だ。座布団に座っても平気。

そうすると、これは人間が尻をつけるところかつけないところかという区別が、僕は随分大事ではないかと思うのです。だから日本はしゃがみトイレが発達したけれども、フランスの場合は、僕はそれも随分写真を撮ったけれども、昔の古い農家でもみんなちゃんと腰かけだし、大体お産の姿勢です、お産椅子。これは長谷川まゆ帆◎さんが最近岩波からも本を出していますけれども、僕も写真を撮ってきました。要するに、

◎『芸術新潮』　一九九一年八月号に掲載の「日本人の過敏な尻の皮膚感覚」。

◎長谷川まゆ帆　フランス近世／近代史・歴史人類学。『お産椅子への旅』岩波書店、二〇〇四年。

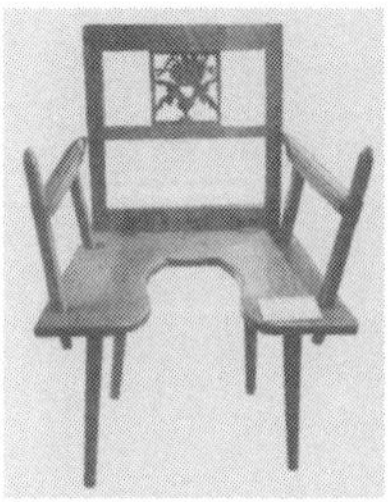
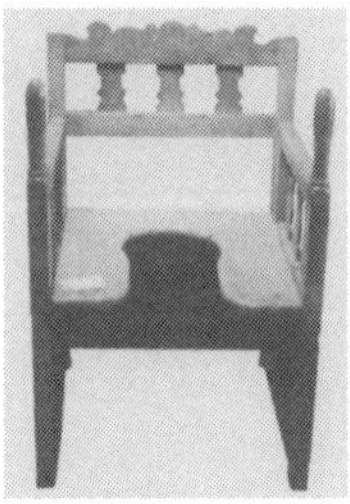

お産椅子（右記書籍より）

腰掛けて産む。日本では昔は産婦はひざを曲げて梁からたらした帯につかまった。アフリカはまた別で、彼女らに楽な投げ足姿勢だけれども。だからヨーロッパでは腰かけ便器みたいに座って産み落とすわけです。ちょうつがいがついていて、折りたたみ式になっていて、産婆さんはそれを袋に入れて、どこかでお産があると持って行って使う。金持ちの家は自分の家で持っているところもあるし、場合によっては村で共同で所有していて、昔の膳椀講◎みたいに、お産があるとそこに持って行って貸す。

大貫　ヨーロッパの古い便器で、何というか、小さな箱みたいなもので、座る面積が広いのがあるでしょう。あんなに広いと気持ち悪くてだめですね。

川田　「コモード」（フランス語で簡易箪笥の意味）という、下に抽出《ひきだ》しのついた、穴のある木の蓋のついた木箱ですね。英語でも「コモード」というようです。けれども日本人には尻がピタッとつくのが耐えられない。日本人は便座を暖める前には毛糸で編んだ袋をかぶせたりもしてましたよね。あんな便器はヨーロッパにはない。潔・不潔感というのが文化の産物だと思うのは、日本式のおふろ。家族で交代でふろに入る、これは西洋人には、考えられないでしょう。外人が来て家に泊まるときに一番困るのは、ふろの入り方の説明です。僕の家に泊まる西洋人もみんな浴槽に入らないで、シャワーで済ましてしまう。西洋では、バスタブのなかで身体を洗うのを気にしない。だけど、僕の感覚ではやはり中で自分のアカが浮いているお湯で体を洗うのは気持ち悪い。

◎**膳椀講**　日本の村落で、冠婚葬祭の集まりで使う、ある数の銘々膳と椀、皿小鉢、箸などの一式を、何軒かの家で共同でそろえておき、必要な家に貸す組織。葬儀や墓掘りを共同で行う葬式組、田植えなどの農作業、屋根の葺き替えなどの共同労働を行う近隣集団と重なっていたことが多い。（川田）

コモード

海野弘ほか『ヨーロッパ・トイレ博物誌』（Ｉｎａｘエクサイト事業部、一九八八年）より転載。

大貫　日本式の風呂では他人のアカが残っているんです。けれど、東北や栃木の田舎もそうでしたね、中で手ぬぐいでゴシゴシこするんですよ。

川田　それはためて肥料にする。そのためにわざわざためておく。昔の銭湯でも、夜中近くになるとものすごかったでしょう。

大貫　日本人はああいうところは平気なんだ。子供のときそういう風呂に入りましたね。でも少し抵抗があった。今はもう入れません。

川田　平気だった。それから家族ぶろも平気ですね。けれどもあれは、西洋人には抵抗があるらしい。大体おふろにあまり入らなかったようですが。

大貫　私は、日本のおふろのほうが好きですね。外で洗って中でたっぷり浸かって、何人も使えるし。だから僕は、あのおふろの習慣こそ外に持ち出すべきだと思う。いま日本のホテルなんかでも、すぐバスタブですよね。僕はどうしてもあれがだめなんです。だからバスタブの代わりにもう少し深い、自然に浸かれるおふろにしてくれと思う。

尾本　ホテルに「ふろおけの外で体を洗わないでください」と書いてあるところがありますね。

川田　座棺◎みたいなところもある。

もう一つ水に関して。これは前にＮＨＫでレヴィ＝ストロースにインタビュー◎した

◎座棺
文字通り、座った体勢で遺体を入れる棺。

◎レヴィ＝ストロースへのインタビュー
一九九三年四月十四日、ＮＨＫ教育テレビ「ＥＴＶ特集」で放映、のちに完全フランス語スクリプト付きで白水社から刊行（『ＮＨＫビデオ　インタビュー　クロード・レヴィ＝ストロース』全２巻、一九九四年）。

ときにだしぬけにきかれたんですけれども、「あなたは手や顔を洗うとき、流れている水で洗うのが好きか、ためた水で洗うか」と。地中海文化はため水なんです。地中海の、イタリアなんかのどんな安宿に行っても必ずビデがあるわけですよ。浅いひょうたん形の洗面器のようなものに水が入って台の上に置いてある。レヴィ＝ストロースは両親の先祖ともフランス東部のアルザス出身で、あそこでは流れる水で洗うのが好きだそうです。ただこれは水が豊富に手に入るかどうかとも関係があると思う。日本人の場合、やはり流れる水で洗うほうが好きだと思うし、僕もそうです。だからいま家庭の洗面台としてもかなり多い、陶器のなかに水をためてというのは、もともと日本にあまりなかったのではないですか。それから大体「かわや」だって、川の上にあったからだといいますよね。

先ほどの雑食性の問題では、やはりこれは人間と並行関係で、犬ですよ。犬というのは人間の最も古い友でしょう。あんな雑食性のものはない。昔の日本の犬の食事なんて、御飯にみそ汁をかけただけでしょう。

大貫 たしかに犬は何でも食べてしまう。人間と一緒でなかったら、あそこまで行かなかっただろうなと思います。

尾本 そう、オオカミは違いますね。数年前、国際高等研で「人類の自己家畜化」という研究会をやったとき、東大の林良博◎さんが来られ、イヌの話をされました。「人

◎林良博
一九四六—。東京大学農学部学部長。『幸せになる犬との暮らし』(幻冬舎文庫、二〇〇三年)『ヒトと動物——野生動物・家畜・ペットを考える』(共著、朔北社、二〇〇二年)ほか。

と動物の関係学会」という面白い学会ができているそうですね。

川田　僕もそこに呼ばれて話しましたね。「人は肉食をやめられるか◎」という、肉食の問題です。

犬はやはり人間の問題を考える上でいろいろな指標になる。同じ種のなかでのバラエティがものすごく多いこともおもしろい。猫はずっと棲息範囲が狭いでしょう。犬は、必ずどこにでもいます。エスキモーからアフリカ中央部のピグミーでも。

大貫　人間とともに、みんなついてきてしまったんですね。アボリジニのところはもともといたんですか。

尾本　ディンゴ◎は古いですよ。

大貫　あれは、ヨーロッパ以前にもともといたわけですか。

尾本　もちろんです。あれは、ちょっとアジアの秋田犬みたいなものですよね。

大貫　大きな問題としては、文明もあるし農業もあるけれども、肉食の問題もある。それはもっと前からあるけれども尾を引いて、最近、また問題化してきたわけですね。

■サルにおける差別、ヒトにおける差別

西田　差別というものはかなり生物学的に古いもので、たとえばニホンザルでもあるのです。これは志賀高原のサルですけれども、あそこで奇形のサルが生まれたんで

◎「人は肉食をやめられるか——文化人類学の立場から」『ヒトと動物の関係学会誌』二〇〇三年七月号。

◎ディンゴ
オーストラリア大陸に生息する野生化した茶褐色の犬。もともと先住民のアボリ人がオーストラリア大陸に移り住んだ際、半家畜化されて持ち込まれ、その後野生化したと考えられている。

すね。そうすると、みんなよってたかっていじめるということがありました。チンパンジーではポリオの例があります。タンザニアのゴンベ渓谷が国立公園になって人が見に来るようになったときです。キゴマという町で人間にポリオがはやったんです。野生のチンパンジーではそれまで、知られている限りでははやったことのないポリオが流行したんですね。それで何頭も死んだんですが、そのうち何頭かは回復して。回復したんですけれどもハンディキャップを負って、もう手足を引きずって歩かないといけない。それは大人のオスだったんですけれども、それを見た途端にほかのチンパンジーはもう恐怖の表情で攻撃し始めるんですね。

川田 攻撃ですか。

西田 攻撃。それはジェーン・グドールさんが見ていたんですけれども、ジェーン・グドールさんやアシスタントが、攻撃されないようにそのチンパンジーを助けたりしていたんですが、ずっとそういうことはできませんので、そのうちにやはりかみ傷がもとで死んでしまったんです。そんなふうに、何かおそらく自分と違ったもの、要するに手足を引きずっているんですからどこかおかしい存在、そういうものに対する嫌悪感というのはかなり生物には広くある。おそらくそれは、『人間性はどこから来たか』◎にもちょっと書いたんですが、シンメトリーは美しいという審美感からきている。一般に、シンメトリーは美しいものと感じますね。シンメトリーではないものは発育

◎西田利貞『人間性はどこから来たか』京都大学学術出版会、一九九九年。

の段階で何かちょっと悪い影響を受けて、あるいは遺伝子がおかしいか何かで生ずるわけです。そういうものに対しては、母親は生まれた子供が奇形であったら殺してしまうとか。その奇形の子供がちゃんと育ったとしても、その次の子供を産むところまで行くかどうかわからないということが結局ありますね。とくに捕食者がいるところでは難しいわけですから。だから、殺してしまうほうが結局繁殖上は得だということがある。何か自分と違うものに対してはそれを美しいと思わない、またもっと極端に言えば嫌うという、そういうところが一つ基礎にあるのではないかと思います。

尾本　それは非常におもしろい問題だけれども、やはりヒトの場合は随分違うと思うんです。というのは、先史時代の人骨で、たとえば縄文時代でも、あるいはもっと古くでもあったかと思うけれども、明らかに身体障害者がずっと老人まで生きていたというケースがある。それから僕が個人的に体験したのは、フィリピンのネグリトという採集狩猟民ですが、明らかに身体障害者なんだけれども、相当な年で、みんなが一切差別していないんですよ。だから西田さんのおっしゃったように、確かに生物界には、病気になったらかわいそうだけれどももう死んでしまったほうがいいという、それは確かにあると思うんです。自然淘汰といいますか。ただ、ヒトの集団の場合には相互扶助や連帯というか、それがたしかにあると思います。サルとは違うと思います。

大貫　ただ、やはりそういう異形な者は異形者としてある特殊な役割を与えて、普通の社会生活から別なところに置くようなこともありますよね。

川田　たとえば盲人なんかの場合、盲人の芸能人、これはもう日本だって差別ではない、検校《けんぎょう》◎とか立派な社会的地位だった。アフリカの社会でも、僕がとても感銘を受けたのは身体障害者の差別が実生活でまったくない。それでいて言葉の上での規制は全然ない。だからみんな大きい声で言うし、それから夜のまどいの昔話のなかでも、たとえば盲人の話はいっぱい出てくる。

たとえば西アフリカのブルキナファソ。僕が一番長く住みこみ調査したところの昔話のなかでは、そういう身体障害者は、むしろ笑いものになるぐらい平気で出てくる。そういう障害者も一緒に聞いて笑っている。けれども、実生活ではまったく差別はない。僕はものすごく感銘を受けました。

西田　私も東アフリカの生活が長いですが、アフリカのほうが、日本より差別がないと思いますね。大らかなんです。

川田　言葉の上で気にするというのはそれだけ根の深い差別意識があるというか、隠された攻撃性の現れじゃないかと思う。

尾本　まさに日本がそうでしょう。ＮＨＫなども、異常なまでに言葉狩りをやるでしょう。あれは絶対におかしいと思う。日本独自の現象でしょうか。

大貫　そういったものは、ラテンアメリカでもないですね。

◎検校
琵琶・管弦、および按摩、鍼治などを業とした盲人の官職（盲官）のうち、最上級の位をいう。

西田　何であんなになってしまったのか。「チンパンジーがびっこを引く」と書いたら、出版社のどうぶつ社ですが、訂正して「足を引きずっている」に変えろというんです。私は抵抗しました。「びっこを引く」と「足を引きずる」では意味が違うじゃないかと。

尾本　それはいけない。僕も一度、学部長のときに教授会や何かの席で、何かの話のなかでつい「片手落ち」と言ってしまった。すると人権担当の先生からお叱りを受けました。

川田　先ほどもちょっと話題にしたけれども、とても困ったのはレヴィ＝ストロースの『悲しき熱帯』の翻訳の新しい版が、新書型の「中公クラシックス」で三年前に出ました◎。あのときに、編集者が言葉狩りの検討を徹底的にやったんです。一番困ったのは、十六世紀のらい病患者の話が出てくるんです。当時ブラジルに行ったヴィルゲニョンというカトリックの僧の紀行文からの引用ですよ。「らい病という言葉は使わないでくれ」といわれた。だけどハンセンは十九世紀のスウェーデンの医者ですからね。十六世紀の文献にハンセン氏病なんてとてもおかしいわけ。どうしたかというと、結局何か別の病気でごまかしてしまった。あれはとても困る。

西田　らい病もだめになったんですか。

尾本　だから注をつけて、「現在では差別的表現として使わないようにしているけれ

◎『悲しき熱帯』Ⅰ・Ⅱ、川田順造訳、中央公論新社、二〇〇一年。

ども、当時はこう呼ばれていた」でいいではないですか、事実を示すべきです。仮に差別用語でも、ある時期にそういう言葉が一般に通用されていたということ自体がやはり事実なんですよ。それをいくら覆い隠してみても、何ら本質的解決にならない。

川田　そうですね。フランス語だとらい病患者は「レプルー」(lépreux)といいますが、レプルーへの救援を呼びかけるパリの地下鉄の駅の大きな広告でも平気で出ている。

大貫　だから、昔使っていた場合はいいと思うんですよ。いまは日本映画の再上映をやっているでしょう。終わりに出ますよ。「映画のなかに、不適当な言葉が使われておりました。それは当時のことですから」と。

西田　あれは何か、強烈な主義主張をもった団体が文句をつけているのではないですか。

尾本　『座頭市』の映画は、いまは上映できないんだそうですよ。

川田　何か、直接人に向かってののしれないような言葉にすればいいのではないかな。モシ王国の建国神話◎に出てくる重要人物は「跛行者」であることに大きな意味があるのですが、これも「跛行者」なら言葉狩りにかからないんですよ。「びっこ」と書くと、「びっこ！」と人をののしるときに使われる言葉と同じですから。

大貫　昔、デカンショ節◎にあったでしょう。「塀の向こうを……、頭見えたり隠れたり」と。学生の頃は皆で大合唱したものです。

◎モシ王国の建国神話
川田順造『無文字社会の歴史』岩波現代文庫版(二〇〇一年)七一—七四頁を参照。

◎デカンショ節
明治末年にできた流行歌。もともとは兵庫県篠山市を中心に盆踊り歌として歌われる民謡で、旧一高生徒の間に広がり、全国の学生・花柳界に流行。

尾本　かつてののしり言葉になっていたものはやめたほうがいいですね。本人が聞いたら、それは嫌ですから。けれどそれは、そういう社会的事実なんです。そういうことがまかり通っていたが、いまでは言わない。それでいいのではないかと思う、僕は。

2章

自然の一部としてのヒト

［種間倫理の可能性を探る］

川田　では、第二の課題に移りましょう。

環境、種の多様性がホモ・サピエンスという、単一種の異常繁殖によって破壊されてきたこと。自然のなかのヒト、種間倫理（interspecific ethics）といった問題について。人間のアメニティのために、あるいは人間が生きのびる資源確保のために自然を守ろうという発想ではなく、やはりヒト学の場合にはもっと根源的に、自然のなかの生物の一つの種としてのヒトとして、他の生物種との関係はどうあるべきかという観点から考えるべきだと思います。人間のために自然環境を守るとか、そういう発想でない考え方が現在必要とされていると思う。尾本さんからどうぞ。

■人種、民族の概念

尾本　いろいろありまして、どういうふうにまとめてお話ししたらいいかわからない。ただ、「多様性」がきわめて大事だということははっきりしています。

私は東大の理科に入ったときに「チョウチョの研究をやってダーウィンの自然進化論を実証するんだ」なんて大きなことを言ったら先生にばかにされて「チョウチョな

んて、そんなもの大学ではやりませんよ」と。それで「なぜチョウチョが好きなの」と聞かれたから「きれいだから」と答えた。そのきれいだからという意味は、私にとっては「多様性」だったんですよ。いろいろなチョウがいるという……。

私の原体験をちょっとお話ししたいんですけれども。私が本当に物心ついたころですが、うちの親父もやはり学者だったのですが、顕微鏡を買ってくれたんです。家の前のどぶ川の水を一滴とって見せてくれたんですよ。そうしたら、ゾウリムシや何かがいっぱいうごめいている。目に見えないものがこうやって顕微鏡で見るといろいろ。それで、私は多様性は美しい、と。そのときに、私は生物学者になると心に決めたんです。だから、私は多様性から生物学に入ったんです。

ところが私が当時、一九五〇年代に大学で生物学の中の人類学をやろうとしたら、多様性を否定して、むしろ法則性の追究が目的なんだと。個別のものはやらないんだと。つまり、それまで自然史とか博物学とかいっていたのはまさに多様性の記載ですね。それはもうやめるんだということで、チョウチョなんてもってのほかだと、ましてや「きれい」なんてもってのほかだと。「きれいなものをやりたいなら芸大に行きたまえ」と言われて。どうしても昆虫がやりたいのなら、農学部に行って殺虫剤の研究でもやれと。僕はそんなものどちらも嫌だったから、少しグレて文学部などに行ったりして遊んでいたのです。そうこうしているうちに鈴木尚先生に見出されたというか、

物心ついた頃、家の前の塀にとまって羽を開いたルリタテハの美しさにみとれた。(尾本)

変わったやつだというので、進化の研究、多様性の研究は人類学のほうでもできるよということで、人類学者になったんです。

つまり生物の一番大事な特徴はいくつもありますけれども、私はやはり基本的には多様性を持っていて進化をするという、ここのところだと思うのです。進化という言葉は、社会現象などいろいろなことに使われていますけれども、一応生物の進化はやはりダーウィンあたりが言い出したもの。それからあとで、ダーウィンが見逃していた中立性の進化を木村資生《きむらもとお》◎という日本の学者が理論化した。要するに進化というのは、時とともに遺伝子がだんだん変わってくることで、その原因にはいろいろなものがある。しかし結局個体変異というものがまずなければ、進化は起こらない。ここが非常に大事なところですね。ですから私はそこに興味を持っていたのですが、大学の生物学の授業では一切個体変異などというものは無用であって、とにかく全部に通用するものをと。

私は、どうも生物学には物理学に対するコンプレックスがあったのではないかと思う。生物学者というのは、大体物理学者などに言わせると頭が悪いから生物をやっていると見られていたわけですよ。そのコンプレックスがあるものだから、物理学に対抗しようとして、生物の法則性を持ち出してくる。たまたま、確かに遺伝子の構造や機能がわかったりしてちょっと法則めいたことが出てきたものだから、それで喜んで

◎木村資生
一九二四—一九九四。国立遺伝学研究所名誉教授。一九七六年に「分子進化の中立説」を発表し、ダーウィン・メダルなど多数を受賞。分子進化の中立説とは、生物進化が主として最適者の生存というダーウィン流の自然淘汰によって起こると説明されていたのに対し、淘汰に不利でも有利でもない中立性の突然変異が偶然に残ることによって起こるほうが基本であるとする考えで、現代進化説の中枢をなす。著書『分子進化の中

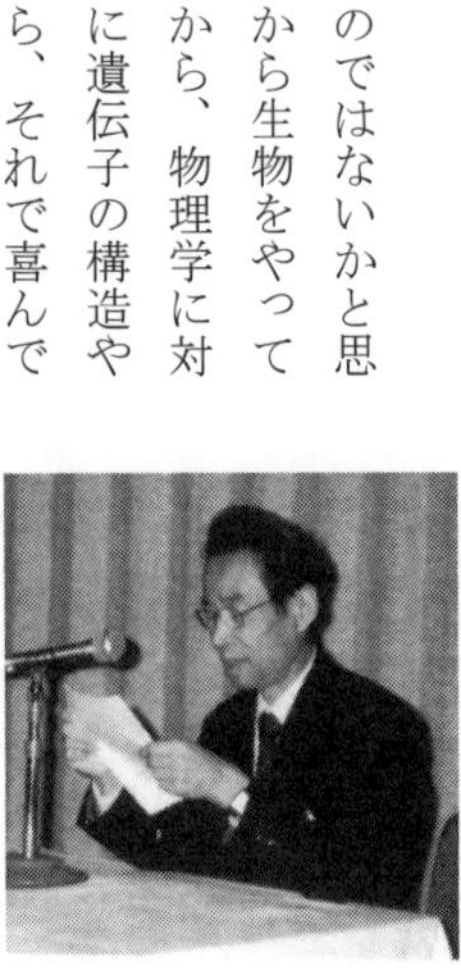

しまってこれこそ法則だなんて言っていたのです。けれども実はそれは法則でも何でもないので、ＤＮＡという情報の実態がわかったというだけのことですよ。別に法則ではないんです。ＤＮＡからタンパクがどうやってつくられるかという、これはもちろん法則性がありますけれども、しかしそれは生物学の一面であって。もう一つきわめて大事なのは、多様性があって進化するんだということなんですね。両方がなければダメだということが、僕の基本的な考え方です。

一方、多様性というものを現代のヒトのなかで見ていくと当然気がついてきたのがヒトの地理的多様性で、とにかくヒトぐらい地球上に広く分布している動物はほかにないわけですね。五大陸すべてに広がっていて、それから北極から熱帯から、砂漠からジャングルから、すべてのところに住みついている。それぞれの場所で自然環境に適応し、たとえば皮膚の色や髪の毛の形や背の高さが、集団でも多様性があるわけです。その元は結局個人の多様性ですけれども、それがある地域に長年いると、そこの自然環境に適応して一見個人差がなくなったように見えてくる。だからたとえば皮膚の色でも、アフリカなどに行けばみんな黒いですよね。けれどあれはたまたま皮膚の色だけがみな黒いのであって、ほかの血液型などを調べてみれば、それはもう日本や何かと同じように多様性がある。決して多様性が消失しているわけではない。

そういうことがよくわからなかった時代、たとえば十八世紀あたりから人種分類が

立説』（紀伊國屋書店、一九八六年）『生物進化を考える』（岩波新書、一九八八年）ほか。写真は尾本撮影。

非常に熱心になってきて、そこではいまから考えればきわめておかしなことがなされていた。それは一つには、個体変異と人種の違いは関係ないと思ってしまったこと。人種差というものは個体変異と別の、何かもっとすごいものだという考え。現在の生物学では、そんなものナンセンスですね。それから二番目の問題は、ごく限られた少数の形質でもって人を分類した。たとえば皮膚の色と髪の毛の形、鼻の形というような特徴、しかも目に見える特徴でもって世界の人種がいくつあるという、いまから考えれば本当にばかばかしい議論をしていた。それが人種分類ということですね。

それが非常におかしいというのはもちろん、一九六〇年代ぐらいからわかってきました。ただ、なぜおかしいかということが、案外ごまかされてしまっている。つまり、人種分類をやると差別につながるからやめましょうと。それはそれで正しいんです。ところが、困ったことにそうなるとヒトの地理的多様性の研究さえもできなくなるんです。つまり地理的多様性、たとえばなぜ地球上に皮膚の色の差異があるのかということ自体、非常に重要な進化の問題です。それを研究しようとすると、あいつは人種分類をやろうとしているんだろうと言われる。ひがみかもしれないけれども、何かそういう、自然人類学に対する悪口は人種分類に集約されていた気がするんです。そうすると、自然人類学なんて学問はもうあまり意味がないということまで言われる場合がある。ドイツがけしからん、ヒトラー一人がいたためにドイツ全体がけしからんというのとどうも似たようなニュアンスがある。

　しかしいずれにしても、ヒトの非常に大きな特徴は地理的多様性が大きいということです。ですから、人種がいくつあるかというばかばかしい分類はやめるべきである。けれども、アフリカ生まれのヒトと、ヨーロッパ生まれのヒト、これは統計的に見れば随分違いがありますよということは隠す必要はないし、逆に一切そういうことは隠して文化的な区別だけならいいだろうということで、民族はいいけど人種はだめだという議論がひところありました。私もちょっとそれに乗って「人種はないけれども民族はあります」なんていうことを授業で言っていたんですね。ところが、どうも民族という単位自体も非常にあいまいだとわかってきた。とはいえ、人種よりはまだ民族のほうが包含的だと思うんです。というのは、人種というと本当に皮膚の色とか髪の毛、形が念頭に浮かぶけれども、民族というとそれらを含み込んでとにかく人の集団、ある地域にいる人の集団とまず理解される。だから僕は人種分類はいけないけれども民族の分類ならいいかなと思っていたら、どうもそう簡単にはいかない。最近では民族という概念も非常にあやふやであるということですね。

川田　それは、僕も斎藤成也《なるや》◎さんも入っていた「人種・民族の概念を検討する小委員会」◎で、世界のいろいろな地域で調査をしてきた文化人類学者一〇〇人に、それぞれの地域で「民族」といわれているものの実体について訊ねたアンケートの結果も参

◎斎藤成也
一九五七―。人類進化学、ゲノム進化学。遺伝子レベルでのヒトの地理的多様性について、尾本恵市と共同研究をおこなった。『DNAから見た日本人』ちくま新書、二〇〇五年ほか。

◎「人種・民族の概念を検討する小委員会」
日本学術会議第十六期の第四部人類学・民族学研究連絡委員会（尾本恵市委員長）は、「人種」と「民族」の概念を明確にするための諮問機関として、一九九六年「人種・民族の概念を検討する小委員会」を発足させ、同委員会が人選を行って、自然人類学の分野から、大塚柳太郎、斎藤成也、平井百樹、山口敏の四名を、文化人類学（民族学）の分野から青柳まちこ、川田順造、スチュアート・ヘンリ、瀬川

照して出した結論でも、それから前に国立民族学博物館で「民族とは何か」の共同研究を三年間代表者としてやっていたとき、みんなの共通理解として出てきたのも、「境界を有する実体の集団としては、民族というものは存在しない」ということでした。◎

民族は僕の言葉遣いで言えば、一種の「旗印」なんです。差別されたりしている社会的弱者が自己主張するときなどの旗印としては使われるけれども、有境の実体としては存在しない。だからきわめて状況的なものであって、ここからここまでは何民族だ、ここからここは違うとは言えない。さまざまな規準、一番古典的に言われるのは主観的な「われわれ意識」と、言語、宗教、その他の習俗のいわば客観的な規準の二つですが、われわれ意識だって状況によって変動するものだし、言語、宗教、衣食住の習慣が全部同じ境で重なるなんてことは絶対にありえない。そうすると、実体としては民族というのはとらえられない。

それと僕は、歴史学者で民族の問題にも深い関心をもっておられた二宮宏之さんともお話ししたことですが、主観的な側面に、漠然とした共属感覚と、自覚された共属意識の二つのレベルを区別した方がいいのではないかと思うのです。日常生活で風土や衣食住の仕来りや信仰を共有するところから自生的に育まれる、範囲も明確には定められない共属感覚と、何らかの危機的な状況その他の必要から、他の集団と区別された「われわれ意識」が、多分に政治的なリーダーの主導で、情動的な側面に訴え顕

昌久、竹沢泰子の五名を任命した。小委員会は合同と二分野別の研究会や、関係者からの聴取の会を開き、さまざまな地域での研究者一〇〇名へのアンケートの結果も踏まえて検討を重ね、一九九六年十月の日本人類学会、日本民族学会連合大会で「いま人種・民族の概念を問う」と題する合同シンポジウム（『民族學研究』六二巻一号参照）も行い、検討結果をまとめた（『民族學研究』六三巻四号参照）。

◎川田順造・福井勝義編『民族とは何か』岩波書店、一九八八年を参照。

在化されてつくられる共属意識です。民族というものが、きわめて状況的に生みだされるとすれば、それは「民族」としてまとめようとする人々の、神話的な由来や、共通の血や風土など、要するに個人が人為的に選び取れないものをリーダーが人為的に選び取り、情動に訴えて、「民族」が生みだされるのです。二宮さんは、共属感覚によって結び合わされた集団をエトノス（ethnos）、共属意識で糾合された集団をナシオン（nation）と呼ぼうと提案していますが、僕はこれは実体としての二種類の集団ではなく、人間の共同性のあり方の二つのレベルと見るべきだと思うのです。◎

だから僕はよくいいますが、民族問題はあるけれども、民族はないと。僕は平凡社の『世界民族問題事典』◎には、大項目で「民族」と「人種」というのを署名入りで書きました。けれども、弘文堂から出た、綾部恒雄◎さん監修の『世界民族事典』◎には、執筆を断った。それは、綾部さんは民族という集団は実体としてあり、それが世界の「民族紛争」も惹きおこしているという考え方を標榜しつづけているからです。

僕が頑強に執筆を断ったにもかかわらず、綾部さんの名前で僕あてに出来上がった事典が送られてきましたが、綾部さんが書いている冒頭の「緒言」や、「民族について」と題した序論を読んで、やはり執筆を断ってよかったと思いました。民族は家族とともに、人類史のなかで最も重要な役割を果たしてきた社会集団であり、民族言語、民俗宗教、民族舞踊等を生みだしてきた主体であるとか、日本国に住む日本民族は、

◎共属感覚と共属意識
川田順造「『民族』概念についてのメモ」（『民族學研究』六三巻四号、一九九八年、四五一―四六一頁）、同「国際学部の中の文化人類学」（『広島国際研究』第一巻、第一号、一九―三八頁、Ⅲ「『民族』をめぐって」）、同「感性の人類学のための予備的覚え書き」（『年報人類文化研究』第三号、神奈川大学COE、二〇〇六年、一七五―一八二頁、Ⅲ「文化、民俗、個人、個我、社会、地域を再定義する」）。

◎『世界民族問題事典』
松原正毅ほか編、梅棹忠夫監修、平凡社、一九九五年（のち新訂増補）。

◎綾部恒雄
一九三〇―。文化人類学。『タイ族――その社会と文化』（弘文堂、一九七一年）『文化人類

大和朝廷を核としたゆるやかな文化共同体ヤマト民族として成立し、以後千年以上もの間、民族としての根底をゆさぶられることなく今日に至っているとか、世界各地で生じている紛争は、コソボ紛争もパレスチナ問題も、すべて「実在する既成の民族」によって引き起こされているとか、基本認識が逆立ちしたり誤ったりしていることを臆面もなく書いている。

こんな風に書いた方が俗受けするでしょう。けれども俗受けする民族論がこれまでどれだけの害悪を世界にもたらし、いまももたらしつづけているか。人類学者はまさにそれに対して学問的成果に基づいて主張し、批判すべきなのです。

ですが同時に人種のほうについては、これは今度のモンゴロイドの調査報告◎を書く場合にも斎藤成也さんや赤沢威◎さんとも随分議論したけれども、モンゴロイド、ネグロイド、コーカソイドという大分類は意味がある。つまり人類の移動や変化の跡を考える上での、さっき尾本さんもおっしゃった、ヒトの地理的個体変異を考える上での研究上の操作モデルとして意味がある。もちろん有境の集団ではありません。ただ、斎藤さんは、名称の上でネグロイドだけは皮膚の色に関係していてモンゴロイドとコーカソイドは土地の名前に由来しているから不公平だというので別の呼び方を提唱しているけれども、赤沢さんや山口敏◎さんなんかは、むしろそういういままでの概念が基本的に形成された時代の偏見も残す意味で、モンゴロイド、ネグロイド、コーカソイ

学15の理論』(中公新書、一九八四年)『文化人類学のフロンティア』(編著、ミネルヴァ書房、二〇〇三年)ほか。

◎『世界民族事典』
綾部恒雄編、弘文堂、二〇〇〇年。

◎モンゴロイドの調査報告
「メキシコと内蒙古住民の身体技法についての調査の初次的報告」、『年報 人類文化研究のための非文字資料の体系化』、神奈川大学21世紀COEプログラム研究推進会議発行、第二号、二〇〇四年十二月。

◎赤沢威
一九三八—。先史人類学。『ネアンデルタール・ミッション』岩波書店、二〇〇〇年ほか。

ドを使ってもいいのではないかと。

尾本　先ほどの、言葉狩りの問題と同じですね。

川田　そう。だから結局モンゴロイド、ネグロイド、コーカソイドという用語は、僕も今度このCOEのレポートにも使いました、斎藤さんなどとよく相談した上で。そういう概念を使うことによって、人間の移動とか分かれ方の問題を明らかにできるという意味での、あくまで研究上の操作モデルとして……。だから境のある実体としてそういうものがあるわけではなくて、あくまで連続的な変化。

尾本　でもそれは、斎藤君もよく知っているけれども、僕は遺伝子レベルでモンゴロイドという一つの集団はないと思う。モンゴロイドというのは、遺伝的にはものすごく多様なんですよ。大ざっぱにアジア人種といったふうに分ける程度ならいいですよ。けれども、いわゆる人種名としては僕は適当でないと思う。

◎山口敏
一九三一―。古人骨研究。『日本人の祖先』徳間文庫、一九九〇年ほか。

■進化とは何か

大貫　先ほどの尾本さんの話に戻りますが、生物の特性として多様性と進化がある。生物が環境適応の過程で体を変えた多様性はすごいですよね。種の進化というものは。人間は結局ホモ・サピエンスという一つの種であるけれども、あらゆる環境に住みつくことで逆に文化の多様性をつくりだすことになった。ですから生物の種の多様性と、人間の場合は文化的多様性、これも非常によく似ているわけですね。もう一つの問題は、個体変異というものがないと進化は起きないし、そういう意味では同じ文化のなかにも異端がありいろいろな変異があって、これが変化の要因になっていく。

問題は、進化というのはいったい何かというのをちょっとお伺いしたい。結局は、いろいろな種の動物が競合し合って、やがてある優勢なやつが残るか、いろいろうまく住み分けて共存するかということでしょうか。

尾本　生物学的に言えば、進化というのはあくまでも遺伝子の変化や適応ですよ。いま大貫さんが言ったのは遺伝子による適応と、それから文化による適応とであって、人間の場合にははるかに文化による適応のほうが多いと。でも、遺伝子の適応はありますよ。遺伝によらない……たとえば体がちょっと太ったとか大きくなったとかは、進化とは関係がないんですよ。いくら時代的に人間が大きくなったといっても、そんなものは進化かどうかわからない。たとえば明治時代に比べていまは身長が一〇センチ伸びたといっても、これは進化かどうかわからない。おそらくまだそうではないでしょう。そうではなくて、単に表現型◎（phenotype）が変わったというだけで。しかし何万年というレンジで見れば、遺伝子が少しずつ変わってくる。たとえば皮膚の色などは、あれは明らかに遺伝子が元になっていますから。

大貫　だから、同じクマでもヒグマとシロクマになったようなものでしょう。

◎表現型（phenotype）　たとえば血液型のA型、B型、O型のように、観察・測定が可能な形質。これに対して、遺伝子型（genotype）は、表現型のもとになる対立遺伝子の組み合わせで、AA、AO、BB、BO、AB、OOと6種類があるが目には見えない。また、遺伝子が特定できない身長や体重などの量的遺伝形質の場合でも、観察される形質を表現型と呼ぶ。

尾本　そこまで行かないけれども。

川田　でもその場合はやはり適者生存という、淘汰の考え方ですか。

尾本　いや、適者生存と中立です。偶然もある。

川田　結局皮膚の黒い人のほうが太陽光線の強いところでは適応力が大きい。だからそういうのが生き残ったということでしょうか。マラリアへの耐性の鎌形赤血球の場合◎もやはり。

尾本　ただし生物の場合は、何が一番進んでいるかというのは、あまり関係ない。進歩とは全然関係がない。そこが一般に常に誤解されている。進化の過程というと、人間が常に進化の最先端にいると思われてしまうわけですが、これは誤り、誤解ですよ。それはやはり生物学者にも責任があります。そういう誤解をとり除く教育をしていない。

西田　すぐ、企業がコマーシャルに使うでしょう。「こういうふうに進化しました」と。それでまたみんなそう思ってしまう。進化という言葉の使い方の問題ですね。

大貫　どこかで別な価値判断のニュアンスがついてしまった。

尾本　その問題とかかわり合うのは、「発展段階」という考え方です。ちょうど昭和の初めぐらいから戦後にかけて、いわゆるマルキシズムが強かった時代がありますね。すると、マルキシズムでいう人間の発展段階説、要するに未開から段階をへて最後に

◎鎌形赤血球の場合
本書二〇二頁を参照。

こうなるという、あの発展段階説が案外自然科学者にも影響を与えたと思います。それで、われわれの学生のころでも、人類の進化といえば必ず猿人、原人、旧人、新人という四段階をへてヒトになったと教えられました。しかし、最近の研究によって、これは間違いであるとわかりました。

五百万年もの人類の進化の過程で、さまざまな種が生まれては消え、また生まれては消えてきたことがわかってきました。しかし、人類はヒトにいたるただ一種類であるとの固定観念がありました。そして、たとえば脳容量が次第に増大したといった一定方向への進化を前提にして、これらの化石を都合のよいように並べて人類の進化といっていたのです。最近の研究で、現代人の種ホモ・サピエンス、つまりヒトはたかだか二〇万年前にアフリカであらわれたこと、ネアンデルタール人はヒトの直接的な先祖ではなく、遠い親戚のような別種であることがほぼ確実となっています。

大貫　その場合、進化とスペシャリゼーション（特殊化）というのは違うんですか。

西田　スペシャリゼーションになるとは限らないです。いろいろな場合があるから。進化は「遺伝子頻度の変化」を意味するだけですが、特殊化は、狭い生態的地位《ニッチ》を占めることをいいます。

尾本　退化の場合もありますし。

大貫　どうして「退化」なんですか。

尾本　退化も進化のうちですよ。要するに、時代とともに遺伝子が変化することです。

大貫　いやいや、だけどどうして「退化」なんですか。

尾本　たとえば洞窟にいる動物で、目がなくなる例がある。

大貫　でもそれは、洞窟の暗いところだから要らなくなった。

尾本　しかし、遺伝子が変わってしまうんですよ。

大貫　変わってもいいけれども、遺伝子が変わること自身は、進化というわけでしょう。「退化」とは言えないじゃないですか。うまく適応できたんだから。目が要らないんですから。むしろある方が不便なので。

尾本　たしかにそれも進化なんだ、そう、そう。

西田　だから全体を「退化」と言っているわけではなくて、「目が退化した」と言っているだけなんですよね。

川田　「退化」と言うと、価値観が入っているような印象を受けます。

大貫　だから、そういう価値観抜きの言葉とすればいいんです。本来あった目がなくなったというだけの話です。

西田　そういう意味ですよね、生物で使っている場合は。

尾本　そうです。とにかく進化という場合は遺伝子の変化があるのが進化だというのが、生物学者の概念ですよ。それ以外は……。

大貫　だから、退化も進化もないわけですよね。要するに遺伝子の変化だけがある。

尾本　遺伝子に関係ないような変化は、進化かどうかわからない。進化かもしれないけれども、わからない。たとえば明治時代からいままで身長が一〇センチ伸びたというのは、これはもしかしたら少し遺伝子が変わったのかもしれないし、そうではなくてまったく環境だけで、食べ物がよくなったりしたから背が伸びただけかもしれない。

川田　ずいぶん前から問題にされていて、古めかしい素朴な疑問ですが、遺伝子の変化は、環境の変化で起こるんですか。それとも突然変異の結果としてのセレクションなのでしょうか。

尾本　いや、結果ですよ。突然変異によって遺伝子に何らかの変化が起きることが進化の出発点です。それは、偶然に起こるもので、かならずしも身体的な変化をもたらすとは限りません。大部分は、目に見えない変化、つまり変化した遺伝子が何も表現をしません。また、変化した遺伝子のほとんどは一代かぎりで消えてしまいます。しかし、それらのなかには身体の変化を伴うものや、代々子孫へと伝えられてゆくものもあります。こうして、はじめは一個だけだった変化遺伝子が集団のなかに増えて蓄積されていることもあります。初めの突然変異は偶然の結果だとしても、変化した遺伝子が集団の内部で増えるとすれば、そこには偶然ではなく、自然選択《セレクション》が働いていると考えられます。

これが進化の基本的な原理ですが、実際にたとえば二〇万年前にアフリカでヒトの先祖が生まれたという事件とどう結びつけるかが難問です。むろん、何もないところにヒトが自然発生したわけではありません。いわゆる原人の赤ちゃんのなかに、一人だけ、将来ヒトに進化する原因となる突然変異をもっていた個体がいたのです。これは偶然でしょう。それがどんな遺伝子の突然変異だったのか、まったくわかりません。実は私は、ヒトの一番重要な特徴は子供の成長にあると考えています。ヒトはチンパンジーやゴリラと比べて、子供の期間が倍くらい長く、それだけ性成熟が遅れています。動物学ではこのような現象をネオテニー◎と呼びますが、これこそヒトの運命を決めた突然変異によってもたらされたと考えられます。

ちょっと想像してみてください。原人の母親が一人の変わった赤ちゃんを産んだと。兄弟たちがみな十歳くらいで思春期を迎えて親離れしてゆくのに、この子だけはいつまでたってもその兆候がなく、いつまでも子供のままだとします。普通の動物の子だったら、そのような個体はあきらかに生存上不利で、やがては淘汰されてしまいます。しかし、ヒトの場合は違います。ヒトは言語能力にすぐれ、遺伝によらない生活様式を創造する能力もあります。そのような能力にとって、学習期間が長いということは大きな利点のはずです。この子は、性成熟は遅れてもそれを補うに余りある生活能力を獲得できたことでしょう。そして、この子が子孫を残し、子孫同士が子供を産んで

◎ネオテニー
幼形成熟ともいう。動物が幼形を保ったまま性的成熟に達し生殖を行う現象。生殖器官に比べ体の発育が相対的に遅れるために起こるもので、生物進化の要因として注目されている。

チンパンジーの幼児と大人。ヒトの大人がチンパンジーの幼児に似ることは、ネオテニーによって説明される。（尾本）

同じ性質をもった個体が増えることによって、ヒトという新しい種が生まれたのではないでしょうか。

大貫　ところで生物の擬態も奇妙ですよね。あれも突然変異でできるのでしょうか。

尾本　擬態はものすごくおもしろい。コノハチョウなんて、どうしてあんなものができるのか、と思いますね。

けれども、やがて擬態の謎もＤＮＡレベルで解かれるようになると思います。昔は、チョウチョが木の葉に似るなんてありえないようなことは、とてつもなく長い年月がかかって起きたのだろうと考えました。しかし、最近では、外観の大きな変化は案外短時間に起きるのではないかと考えられるようになりました。ただし、それには非常に強い淘汰要因が必要で、昆虫などの場合、それは鳥です。熱帯などでは、鳥に食べられるという淘汰から免れるために、さまざまな変異のうちよほどうまく適応したものだけが残されるのです。

もう驚くべきことで、それは神様がつくったとか言えば一番簡単ですよ。科学というのは、大体「わからない」という結論がありうるわけです。ところがみなさん、「わからない」と言ったら「そんなもの科学者じゃないだろう」と言われて。僕はそうではない、「わからない」のを「わからない」と言うのが科学者で、全部わかっているのは宗教家だと。

◎今西錦司
一九〇二―一九九二。人類学者・動物学者・探検家・登山家。京都大学名誉教授。生態学、霊長類学で多大な業績を残し、文化勲章を受賞。進化については、晩年、ダーウィンの進化論に対し種社会の「棲み分け」という独自の理論で、進化が自然淘汰によらず生物社会の規制のなかで方向づけられているという説を展開した。日本モンキーセンター、京大霊長類研究所の設

川田　今西錦司◎先生は、独自の世界観、自然観から、突然変異と自然淘汰だけで進化を説明することには批判的だったようですね。一九六八年十二月にダカールで開かれた、第二回国際アフリカニスト会議で、一週間あまり今西先生と昼も夜もほとんど毎日ご一緒したとき、ちょうど進化論についてお考えを練っていらっしゃった頃で、生き物の「主体性」を重んじる、東洋の生命観にも通じる今西進化論について、お話を伺う機会がありました。

今西説よりもっと安直に「主体性」を表に出した「キリンの首はなぜ長い◎」という議論もかつてありましたね。キリンの首の議論については尾本さんはどうお考えになりますか。

尾本　あれは、元のラマルク説のほうがおもしろいんですよ。一生懸命首を伸ばして、その意思がついに固定したんだと。けれどもその意思というのは、本当はないでしょうね。これもやはり突然変異と淘汰でしょう。突然変異でちょっとでも首の長いやつが有利になったんでしょうね。

西田　新しい仮説があります。キリンはオスが首でケンカするらしいですね。メスをとり合いするときに、首を使って叩き合うのです。だから、首の長いほうが破壊力があって有利なのです。

尾本　それは、性淘汰。ダーウィンの性淘汰というのは、オスがものすごい競争を

立に寄与する一方、登山家としての著作も多い。『今西錦司全集』増補版、全十三巻、講談社、一九七五年。

◎キリンの首はなぜ長い　キリンの首は、進化論でよく議論されるテーマ。「くびなが」の理由は、ラマルクの「用不要説」によれば、キリンが高い木の葉を食べようと何代にも渡って努力したため（よく使用する器官は発達し、獲得した形質は遺伝する）。ダーウィンの自然選択説によれば、突然変異で首の長いキリンが生まれ、それが生存に有利だったため、やがて子孫が増えていくとされる。川田がここで念頭に置いている安直な議論とは、F・ヒッチング『キリンの首――ダーウィンはどこで間違ったか』樋口広芳・渡辺政隆訳、平凡社、一九八四年のことをさす。

やるんですよ。メスがじっと見ていて、一番格好いいやつと結婚するんです。そうすると、オスはもう涙ぐましい努力で一生懸命になって格好よくしようとするわけです。……でもキリンの首はメスも長いですよね。それが不思議なんだ。

西田　それは仕方ないですよ。同じように生まれるんですから。

大貫　オスだって、将来子どものことを考えれば、つまり自分の遺伝子を残したかったら、やはり首の長いメスを望むでしょう。

尾本　それは選択交配、似たもの同士がつき合うというのはやはりありますよ。

大貫　たとえば植物にしても、いろいろなバラエティがあるけれども、あるものが非常に優勢種になって、そこにいる競争相手を全部排除してしまって、生物学で言う極相、クライマックスの状況になる。

西田　毒を出すのもいますね。毒を出して、自分の種以外は殺してしまうのもありますよ。とくに南米が多いんじゃないですか。

大貫　そうやって自分の種を生かそうとするわけです。つまり、そこなんです。生物の種の多様性、文化的多様性、それはちょうど同じなんです。中にいろいろな変異があるからそのなかで変化をしていく、文化も変化をしていく。そこもいいです。問題は、今度は自分のために自分以外のものを排除するというのがまさに戦争でしょう。生物もそれをやっている。

尾本　集団間の競争というわけですね。集団間淘汰というのは、ダーウィンもついにわからないですね。

大貫　ただ、人間がほかの動物と一つだけ違うのは、自制できるだろうと思うんですよ。植物や動物はできないと思うんです。ＤＮＡで拡大しろという一種の本能的なものだけれども。人間の場合だって本能でやってきたのには違いないけれども、あるところから何か知恵がついてきた。

西田　人間も自制できていないのではないですか。どんどんふえて。自制できれば問題ないと思いますけれども。

大貫　しかし、自制できるところもありますよね。だって平和条約なんていうのはできるんだもの。

尾本　かえって本能に任せておいたほうがいいのではないのかな。変な価値判断で自制するからおかしいことをする。

大貫　たしかにその価値判断が問題です。民主主義を広めれば平和になるというようなもので、反民主的なところはみんなつぶせとなる。

西田　民主主義というのはお金がかかりますよね。紙も無駄使いしますし、決定にも時間がかかる。だから僕は、民主主義というのはいい制度かどうか怪しいと思いますよ。

大貫　本当に僕もそう思います。それは一長一短。

西田　やはり問題は市場経済でしょうね。社会主義は敗れましたが――ソ連型の社会主義経済は僕も嫌いだけれども――、やはり何か市場経済に任せっきりにしない手段がないとダメなのではないですか。

川田　それと僕は「必要は発明の母」ではなくて、「発明は必要の母」だと思う。何か生み出すと、それをみんな欲しくなってしまう。

尾本　桃山学院大学での最終講義、総合人間学の最後の授業を、私は「ニーバーの祈り」で締めくくりました。この大学は英国聖公会系ですが、行事があるとチャペルで牧師さんがお祈りをします。その際、いつも目にすることばがこのニーバーの祈りです。これは、ラインホルト・ニーバー◎というドイツ系アメリカ人の牧師が一九四三年に述べた言葉で、次のように訳されています。

「神よ、変えることのできるものについてそれを変えるだけの勇気を我らに与えたまえ。変えることのできないものについてはそれを受け入れるだけの冷静さを与えたまえ。そして、変えることのできるものと、変えることのできないものとを識別する知恵を与えたまえ」（O God, give us serenity to accept what cannot be changed, courage to change what should be changed, and wisdom to distinguish the one from the other.）

なぜ私がこの言葉をもって総合人間学の終わりにしたかというと、現在の科学技術

◎ラインホルト・ニーバー　一八九二―一九七一。アメリカのプロテスタント神学者・倫理学者。牧師の子として生まれ、同時代のヨーロッパにおけるカール・バルトやブルンナーらの弁証法神学と呼応する、アメリカの「ネオ・オーソドクシー」と呼ばれる神学傾向の代表者となる。その現実主義的傾向は二十世紀のアメリカの知的・政治的世界に広範な力を持ち、G・ケナンなどに影響を及ぼした。

のありかたを学生によく考えてもらいたかったからです。現代文明は自然を支配しようとします。しかし、やっていいこととやってはいけないことがあるのではないか。たとえば、今の医学は生命操作をしようとしているが、これは「変えてはならないこと」ではないのか。人工授精、臓器移植、男女の産み分け、などはどうか。

さらに、この機会に、なぜ人間にとって宗教が必要なのかを考えさせました。私自身はクリスチャンではありませんが、ニーバーの祈りにはとても感銘を受けました。私の考えでは、宗教は神という絶対的なものを設定することによって、人間がいかに不完全かを認識させるという知恵だと思っています。一言で言えば、宗教は人間が傲慢になってはいけないことを教えている。秦の始皇帝に始まって、神になろうとした権力者は古今東西にあまたの例が見られます。しかし、どうも現代の科学技術者、とくに一部のお医者さんはそれに近いことをしようとしているのではないでしょうか。

大貫　Can not be changed と、Should be changed というのはだれが決めるんですかね。

尾本　それはだれにも決められないんですよ。

川田　決める知恵を与えたまえと。

尾本　神様に、それをくださいと。われわれにそれはないですからね。けれどもそういうことを一生懸命になって考えることが大事なことだと思います。

川田　西田さんは、多様性と、自然の一部としての人間という問題をどう思われますか。

■生物の多様性

西田　少なくとも僕にとって一番の、最大の問題は、生物の多様性の現象です。なぜかというとそれは、自分の楽しみであるし、生きがいというか。これがなければ、別に生きている必要もないと思うんですよ。環境自身が生物多様性を失って非常に単純になってしまった時点で、生きていても仕方がない。

どうしてそれが楽しみであるのかと考えますと、僕は子供のときからいろいろなものを集めていて。僕は尾本さんと一緒で昆虫、甲虫ですね。カミキリムシ。それから新聞紙の題字。『朝日新聞』とか『読売新聞』とか、その題字を集めるんですよ。何でもいいわけです。集めたことありますか。それは、ないですか。するとある日、知り合いが鹿児島から『南日本新聞』というのを持ってきて、これはすばらしいと(笑)。それから切手とか古銭も集めたのですが、僕はなぜ集めるのかというと、結局集めて分類するのが人間の本能かなと。あまり集めない人もいるけれども、そういう人は頭のなかで集めているのかなと考えたりしているんですが。

その楽しみというのは、結局どの民族もエスノサイエンスというか、分類学を持っていますよね。文明があまり発達していないところでも、エスノサイエンスはどこで

マハレ公園の甲虫標本
(西田提供)

もあって、われわれがちょっとまねできないぐらいたくさんある。先ほどもその話がありましたけれども。それが人類の一つの特徴で、脳が大きいというのも人類の特徴。これも生物人類学ではイロハのイのようなものですけれども。でも脳が大きくなった理由として、僕は二つあると思うんです。一つは、環境に対する適応。要するに環境を分類していくという。人類の環境が多様であって、森にもサバンナにも住み、山にも谷にも住む。この複雑な環境を認識するために、知能が発達した。もう一つは、これは最近言われていることですが社会関係。人間が非常に複雑な連合をしたり、先ほども少し話したように隣の集団とコミュニケートしたりすること。言語もありますけれども、社会関係が複雑であるということが脳の発達を促したと思うんです。少なくともこの二つがある。

ですから生物の多様性を楽しむという意味は、やはりそれが人類をつくったというか、人類を発達させた要因の一つだったからではないかと。もちろん宴会をしたり、会話をしたり、楽しむのも、それもまた脳を発達させた理由でもあるので、やはり楽しいのではないか、そういうふうに考えているわけです。だから脳を大きくした原因の一つであるこの多様性がいま失われようとしていて、これは重大問題だと。というのも、脳はこういう多様な環境のなかで力を発揮するわけですから、将来の人たちが環境の多様性を失ってしまうと、何というか彼ら自身も喜びを見出すことができないのではないかと思う。僕としては、どうしても一つ言っておきたいのは、生物多様性を失うと――これは僕だけだとは思わないんですけれども――人間はもう本当に、ほとんどの人が人生の生きがいを失ってしまうのではないかということです。

川田　でもそれは、獲得形質が遺伝するという話ではないですね。環境の分類が脳を発達させていき、発達した脳が環境によりよく適応して生き残る……。

尾本　自然を見ていろいろなものを分類するということが脳のある部分を非常に刺激して、それが脳が大きくなる一つの要因になると。

川田　けれども、それは遺伝するわけですか。

西田　もちろんそうでしょう。しかし、獲得形質が遺伝するということではありません。あくまでも突然変異です。ある突然変異が起こって環境の認識の能力が、ほんのわずかでも向上したら、その変異をもった個体は、平均的により多くの子どもを残すということをいっているのです。

大貫　むしろこういうことですか。脳にはそれだけ働ける潜在能力があるので、それを動かせるような力というか、脳を働かせるだけの外的、文化的刺激があればいいわけでしょう。

尾本　ただ、脳の場合は、遺伝子と機能の対応がまだ十分にわかっていません。われわれは、まだ脳のすべての細胞を使っていない、と聞きます。実は、五〇年も前に東大の人類学教室で受けた授業のなかで今でもよく覚えているのは、大脳生理学の時実利彦◎先生のものです。われわれのクラスには学生が四人しかいない。そこに毎週、先生がまるで家庭教師のように来られて雑談を交えて脳のいろいろな話をされる。とても贅沢な授業でした。そこで、時実先生がおっしゃったことで非常に印象的だったのは、新人（ホモ・サピエンス）と旧人（ネアンデルタール人）の違いです。脳の大きさは一五〇〇ｃｃくらいでだいたい同じだが、新人の特徴は「おでこ」の部分が膨らんでいることです。この部分（前頭葉）にこそ、価値判断や創造性といったヒトの特徴がある、と。

そして、そのような特徴は、進化の過程で個々の遺伝子が変化したためではなく、成長をつかさどる遺伝的プログラムに起こった変化に原因がありそうです。

西田　つまり、発育させるわけですよね。発育を制御する遺伝子が、突然変異を起こして脳の成長期間を長くする。そうなった個体は生存上、繁殖上、有利になる。

尾本　それが、だからネオテニーなんです。発育が。つまり、本当に変な赤ん坊が生まれてしまった。だけどそれを、普通だったら死んでしまうとかいじめるとかいうんだけど、どういうわけかものすごくかわいがったんですね。かわいかったんですよ。

西田　そういう個体が環境要素を分類するといったことに得意であれば、それが生きるわけですよね。

◎時実利彦
一九〇九―七三年。大脳生理学の世界的権威。東大脳研究所長。『脳の話』（岩波新書、一九六二年）『人間のからくり』（毎日新聞社、一九五九年）ほか。

尾本　それは私は初めて聞いたけれども、おもしろい考え方ですね。自然の見方がやはり全然違いますよ、ほかの動物と人間というのは。

大貫　幅広くかつ深い自然を分類して覚えるというのは大事だと思いますね。これは食べられるとか食べられないとか。そういう観察能力が高まっていくと、自然利用のいろいろな道が開けますね。それが、また人間の生存を楽にしますね。やがて農業とか、牧畜その他を生む。

尾本　僕が行ったネグリトで、フォックスというアメリカの人類学者が「植物の名前をいくつ言えるか」というと二千ぐらい言ったというのでたまげたという話がある。それですよ。だからむしろ現代人よりそういう採集狩猟民などのほうが、よく自然のことを見ている。

大貫　いまの製薬会社なんかは、そういうところに人を派遣するらしいですね。

尾本　それは文化遺産をぶん捕っているんですよ。収奪です。だから少し還元すればいいんですよ、その収益の一部を。

西田　しかし、植物標本などは熱帯地方から簡単に持っていけなくなりましたね。

尾本　もちろんそうです。ところで、昨年末に起こったインド洋の大津波◎ですが、報道を聞いて、僕はアンダマン島がどうだったのか、知りたいと思いました。というのは、あそこには、ネグリト系の先住民がいるのです。お話ししたように、僕らはフィ

◎インド洋の津波
二〇〇四年十二月二十六日に発生した、規模マグニチュード九・三のスマトラ島沖地震で発生した大津波。インド、スリランカ、タイ、インドネシア、マレーシア、ミャンマー、モルディブなど各国に甚大な被害を与え、世界各国から現地の海岸を訪れていた観光客を含め、死者・行方不明者が合計三〇万人、被災者数百万人という未曾有の惨禍をもたらした。

リピンでネグリト系の先住民を調査しましたので、アンダマン島のネグリトとの関係を知りたかったのです。

津波の被害について、アンダマン島のことがなかなか報道されなかったのですが、ようやくインドの人類学者から連絡がありました。それによれば、ネグリトの人たちに犠牲者は一人もでなかったそうです。それも、地震の数日前から、彼（女）らは、ハチが大発生するなどの自然界の異変に気づいて、山のほうに逃げていたのだそうです。

大貫　ゾウも山に逃げたと聞きます。

尾本　だからそういう動物的なものですよ。別に理屈ではないんだ。でも多分そういうのは長老が知っていて、みんなに話すんだろうと思う。だから、感覚ですよ。

■江戸文化と自然

西田　もう一つ、生物多様性に関して。

日本は何でも翻訳して受け入れるばかりですね。もちろん少しは翻訳されて外に行くのもありますけれども。僕は日本文化、とくに江戸時代の自然を育てる文化はすばらしいと思う。たとえば花見というのは、いろいろなものがあるでしょう。一週間ごとに変わる花暦◎とか、ああいうものがありますね。それからホタルとか、セミの声を楽しむとか。最近はセミがうるさいという人が増えてきたのでちょっと愕然としてい

◎花暦
四季別または月別に花の開花期や果実の鑑賞時期を示した暦。自然界での花の開花は、季節を予知する上で重要な指標であり、農作業を進める目安でもあった。

るんですけれど。僕は、セミはうるさいと全然思わないけれどね。

雪見というのもありますね。雪を見に行く。それから畑、田んぼが刈りとられた跡を見に行くとか。

川田　何を見に行くんですか。

西田　田んぼの刈りとった跡。その荒涼とした姿を見に行くだけのこともあったようなんですよ。だから、何でも楽しみになったわけですね。にぎりめしを持ってそれを見に行って楽しむというか。そういう文化はもちろんいま完全になくなったわけではないですけれども、いまは本当に桜だけになってしまった。アジサイやモミジや梅とかはまだ残っていますが。

それから囲碁・将棋ね。僕は、これについてはすごく腹が立つんですよ。囲碁・将棋って、名人・棋聖など日本一の打ち手・指し手になっても、せいぜい一億円の年収にしかならない。ところがゴルフや野球のトップレベルは五億円、一〇億円。なぜこんなに相違があるのか。

川田　それは自然と関係あるんですか。

西田　関係ありますよ、もちろん。関係あるから言っているわけで。囲碁と将棋というのは、物を使わない。全然物を浪費しないわけですよ。盤と石や駒さえあればそのまま遊べるわけです。そうすると、ゴルフ場というのは大公害ですね。

将棋がどのぐらいおもしろいか僕はよくわかっていないのですが、少なくとも碁は一番おもしろい遊びです。これは日本文化が誇るべきものです。それから算術をやって、答えができた人には神社に算額◎を飾ったりしたわけでしょう。何というか、明治維新で西洋文化に圧倒されて、そういうのをほとんどすべて捨ててしまった。それが非常に悲しいわけです。それから江戸時代はリサイクル世界と言われていますけれども、リサイクルだとか、植林などもかなりやったらしいです。何か武蔵野は江戸時代の植林のために残っているという話もあります。

そういう日本文化を、今後も生物多様性を保持しようという政策の一環としてもっと宣伝して、何とか生かせないものかなということを考えます。僕なんかはおそらく一九四〇年代の、日本が貧しかった時代の最後を知っている世代です——みなさんはもっと詳しいでしょうが。たとえば僕は、ドングリの粉を食べたことがあるんですよ。すごくまずかったです、あのパン。おなかが空いていましたからドングリも食べた。ああいう空腹のことを知っている最後の世代ではないかと思います。何しろ僕が子供のときの一番の楽しみは、お袋が一年に一回か二回デパートに行くわけですね。それについていく。退屈なんですよ、おふくろがいろいろ買い物をしている。最後に最上階の食堂でラーメンか何か食べる。それだけが楽しみでついていくというようなことがありました。貧しかったんです。だからそういう食べるものがなくなる恐怖を知っ

◎神社に算額
むずかしい計算問題などに解を見つけた人は、その解を額に入れて神社に奉納し、一般に公開した。

ている最後の世代です。いまの子供たちはいくら残しても平気だし、飢えをまったく知りません。母親に「食べなさい」と言われているんですね。僕らは食べなさいなんていわれたことがない。

大貫　いまの子供たちは食べないですね。

西田　「そんなに食べるな」と言われたぐらいですからね。もっとほかの人に残すために、食べるなと。

大貫　いまは子供から、僕が言われている。そんなに食べるなと（笑）。

西田　この時代は、僕はあと二、三〇年続くかどうかだと思います。中国ものすごく人口が増えている。インドは一〇億人になりましたでしょう。日本は中国や多くの国からいろいろなものをいっぱい輸入していますけれども、いずれ食糧の輸入はできなくなりますね。いまは牛肉を買えとアメリカにいわれていますけれども、いずれ、売ってくださいと日本が言うようになりますね。

川田　いまのに関連して。僕は尾本さんの人類の自己家畜化の本◎にも書いたし、ほかのところでも言っているのですけれど、とくに江戸時代の日本が動植物の品種改良でやったのは、全部審美的な側面ばかり。ヨーロッパで主流だったような、鶏にたくさん卵を産ませるとか、太ったブタとか、乳をたくさん出す牛とか、そういう実利的な側面ではまったくない。アサガオにしても金魚にしても、全部そうだった。鶏の改

◎**人類の自己家畜化の本**　尾本恵市編『人類の自己家畜化と現代』（人文書院、二〇〇二年）。

良でも、卵をたくさん生むとか肉がおいしいからではなくて、尻尾が長いとか、とくに東天紅《とうてんこう》とか唐丸《とうまる》みたいに一声で二〇秒も続けて鳴くとか。それから鶏の盆栽版というべきチャボとか、三百グラムのがあるけれども、そういうのをつくった。アサガオや何かでもそうですよ。

尾本　江戸時代の日本人の確かな自然認識について、いい例があるのでごらんに入れます。これは、「自在」といって、鉄製の工芸品ですが、昆虫やえびなどの小さな動物を正確にかたどったものです。たとえば、このクワガタムシの自在など、非常によくできていて実物と見まがうほどです。ノコギリクワガタという種類であることがわかります。何のためかといえば、趣味人が集めたのでしょう。正確な自然描写と造形美を兼ね備えたすばらしいもので、江戸時代に日本にきたヨーロッパ人は驚嘆したといわれています。しかし、今では実物を見るのに大英博物館にまで行かねばならないのです。

よく、日本の自然科学が何もないところに欧米から伝わったように言われますが、それは間違いです。前に述べた坪井正五郎さんもそうですが、日本人には江戸時代から伝わるナチュラル・ヒストリーの素養があったのです。しかも、正確な自然観察と美意識が渾然一体となっている。江戸時代の絵画などでも、たとえば蝶の絵を見ると、円山応挙の作品のように完全に種を同定できるものが多いのです。一方、中国の絵画

東天紅

ノコギリクワガタを模した自在

奥本大三郎氏提供（尾本）

では、たとえばよくある「百蝶図」では、すべての蝶がイメージだけで描かれていて、同定不能です。

川田　それから、「徳川の平和」（パックス・トクガワ）のおかげで火薬は花火に使った。これなんかはまさに非実用的な、審美的な利用の極致だけれども。ただ、僕は自然と人間のかかわり方を見る上でやはり人間の特徴、日本の特徴をよく表しているのは、異類婚の問題だと思う。つまりキツネとかツルとか、そういう異類との結婚。つまりヒトが、ホモ・サピエンスと違う動植物と結婚する。『三十三間堂棟木の由来』という有名な浄瑠璃がある。あれは植物と人間の結婚ですよね。その結果生まれた子供が、お母さんが伐られるので悲しいので後をついていく話です。それから安倍晴明で有名な、あれも芝居その他にいっぱいなっているけれども要するにキツネが恩返しに美女に化けて来て、生まれた子供が安倍晴明◎だと。昔話の、民話の世界で異類婚があって、しかもその子供が異常能力を持っているという話は日本に特徴的です。ヨーロッパとアフリカと日本の三つの、人間とほかの動物との関係を見ていくと、ヨーロッパの場合異類婚はあるけれども、それは実際はあるとき魔法にかけられてその姿をしていただけで、魔法が解けて元の王子様になってめでたしめでたし、というのばかり。唯一の例外は「熊の子ジャン」というのがあって、これは人間の女性がクマにはらませられて生まれた子供なんです。これだけが唯一の例外だけれども、日本は恩返しな

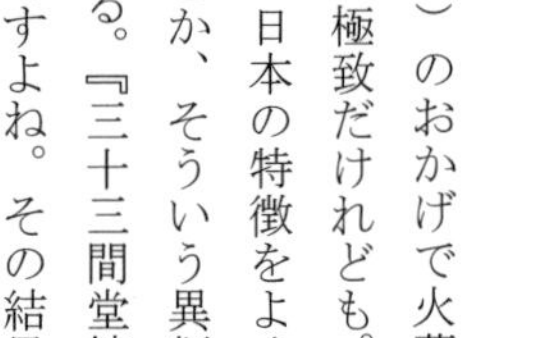

蝶の写生（円山応挙）

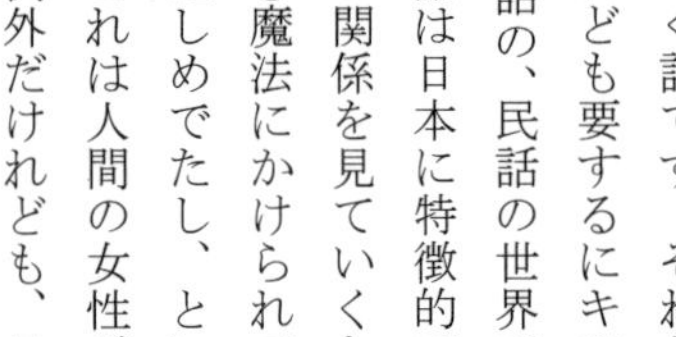

中国の百蝶図

どを動機にした、双方合意の異類婚の結果子供が生まれて、それが異常能力を持っているというのは、安倍晴明なんかがいい例だけれども、多いわけです。それからアフリカの場合、異類婚はいろいろなタイプがあるけれども、子供の生まれた結果がみんな不幸なんです。ヒーローにならない。日本の場合はそれがむしろ幸福なというか、プラスの結果になるようなものを生んでいる。それがやはり、日本人の考え方における人間とほかの生物との関係を示していると思う。婚姻と子供が生まれることは、一番重要な結合の問題なわけですから。

それからもう一つは、これはお能とか浄瑠璃にもよく出てくるけれども、樹木の精。この間も能楽堂で観たばかりの『西行桜』という世阿弥の名作も、桜の精が出てきて、西行の夢のなかで物語をする。それからお能で、やはり観世信光の『遊行柳《ゆぎょうやなぎ》』というのは、これもやはりヤナギの精ですね。そういう、樹木の精が出てくるというのが、やはり日本文化の大きな特徴だと思います。

尾本　それは、やはりアニミズムではないですか。アニミズムが素地にある。

川田　アニミズムというのは漠然とした表現で、ある信仰体系を限定して示してはいない。僕は自然と人間との関係を考える上で、四つのモデル◎を考えました。『開発と文化』の第三巻〔『反開発の思想』一九九七年〕にも書きましたが、これについてはあとでふれます。

◎安倍晴明
九二一?―一〇〇五。平安時代の有名な陰陽師。当時最先端の科学であった「天文道」や占いなど陰陽道の卓越した知識と技術を持ったエキスパートで、その事跡は神秘化され、数多くの伝説的逸話を生んだ。『大鏡』『今昔物語』『宇治拾遺物語』などに登場。

◎四つのモデル
本書一七八頁を参照。

尾本　しかしアボリジニなどにもいっぱいありますよ。

川田　ですからアニミズムというのは、僕が四つ挙げたなかの一、二、三を除いた「その他」なんです。そこには実にいろいろなものが含まれているので、アニミズムという独自の原則があるわけではないけれども。その全体に共通する一つの大きな特徴は、人間との類比というか、人間にかかわることを比喩的に人間以外の世界にも適用するということです。人間以外のものを擬人化する、逆に言えば人間以外の世界を擬人化して、それとの間に交渉を持ったりお祈りをしたりする。でもその中身は随分多様なので、それを何とかイズムという形で一つにくくるのは問題だと思うんです。

では、日本人はそんなに自然を大事にするか。いまの日本の状態を見ろということになる。レヴィ=ストロースが日本に来たときの印象で、これは『悲しき熱帯』の二〇〇一年の新しい版への序文で書いていることですが、日本人は自然を対象化しない、その結果、日本では自然を放ったらかしにするか、さもなければ徹底的に破壊してしまう。たとえばセーヌ川と隅田川を比べて、いまの隅田川のメチャメチャな自然破壊は、十九世紀といまのセーヌ川のほとりの場合とは比べものにならない。葛飾北斎の『隅田川両岸一覧』なんかに描かれた隅田川といまと、とても比べものにならない。それぐらい日本人は、自然をある側面ではメチャクチャに壊してしまって平気だ。それは日本人が自然を対象化して考えないからで、自然というのは自分たちの仲間だと思っ

『隅田川両岸一覧』

ている、一種の甘えがある。僕はその考え方はおもしろいと思います。対象化したほうがよりよく管理する上ではうまくやるのかもしれない。アメリカの自然公園などの管理。それからドイツの環境保護なども徹底していますね。そうして自然を対象化するほうが、ある段階ではむしろ自然の保護が有効に働くのかもしれない。その辺は、まだよくわかりませんけれども。少なくとも異類婚の問題で言うと、日本人は人間と自然との一種馴れあい関係にひたっているという点で、大きな特徴を持っているだろうと思います。

■経済のグローバル化

大貫　日本文化にしてもどこにしても、自然とヒトとの共存は難しくて、一種の相互作用的なところがありますね。人間は自然に働きかける。これがバランスをとっている時代は相当長くあったのですが、あるところで食糧生産が始まってしまって、どうしても自然の一部を壊さざるをえなくなる。そのあとで今度は都市化が始まり、最近のすごい産業化になって、自然は要するに資源としての自然になってしまった。

たとえば森の文化、あるいは森という世界と、人間の生きているこちらのハビタットのところとは違う世界であって、その二つのうちに、聖と俗とか、明るい世界と闇の世界とか、うまいバランスがあったと思います。それだけに、自然に対するある種の畏怖もあったと思いますが、それが科学の発達で、自然とはこんなものだと合理的にわかると、別に畏怖する必要がない。むしろ逆に利用したほうがよろしい、これだけの利用価値があるじゃないかと。それが産業化の必要とうまく一緒になって、開発が始まってしまうわけですね。

ついこの間までの経済はそれでも、物をつくって必要な人に売るか、必要な人がそれを買って、それで一応経済が成り立っていたと思うんです。けれども、いまはそれにプラスして、だれかがもうけた金をどこかに預けておくだけではしゃくだから、こいつを動かして金で金を生もうとする経済がもう一つありますね。いわゆる金融経済とかマネー経済。これが、ものすごく猛威をふるっていると思う。

いかにお金を動かしてさらにもうけるかという知恵が賢いとされて、いいものをいかにしてつくって、それを必要とされる人に売るかという知恵は全然教えない、そういう経済になってしまった。これが、グローバリゼーションの本体だと思う。そのマネー経済を牛耳っている人間の満足のために、旧来の経済でやっていた生産者、いわゆるモノをつくる人たちが非常に苦しむわけですよ、それに左右されてしまって。中小企業がつぶされてしまったり。自然をあまり壊さないような形の、本当にすばらしいモノづくりはみんなダメになりますよ、マネー経済を何とかしない限り。人口の問題と両方重要ですが、これが一番ネックで、とにかく総合的ヒト学のようなものには経済学も入れないと、なかなか二十一世紀の問題は解決がつかないと思う。

川田　グローバル化しつつあるマネー経済を相対化するということですね。

尾本　それは、人類史と関係あるかどうか、僕にはわかりません。やはり、アメリカですよ。アメリカという国だと僕は思います。ヨーロッパの人たち、フランス人やドイツ人は、グローバリゼーションなんてあまりいわないのではないでしょうか。

　だから、現在アメリカが経済的な力ずくで世界を支配していることが不幸のもとだ、と僕は思います。チョムスキー◎によれば、アメリカのやり方が一番テロリスト的だというんです。アメリカという国がでてきて、強い経済力をもったことは、確かに人類史上の問題点です。けれども、なんらかの理由でアメリカが破滅すれば、世界はがらっと変わる可能性があると僕は見ています。

■文化相対主義をどう考えるか

尾本　そこで、僕が川田さんにぜひ聞きたいことは、グローバリゼーションと「文化相対主義」との関係です。グローバリゼーションは、世界が一つの経済になってみんなが同じように文明を享受できるではないか、という経済優先の考え方でしょう。そこで、文化人類学が基礎にしている文化相対主義との関係が問題となります。要するに、どの文化も固有の歴史と価値を持っているので、良いとか悪いとかという点で

◎N・チョムスキー　一九二八―。言語学者・思想家。生成文法で知られる。ユダヤ系の知識人で、六〇年代のベトナム反戦運動から「九・一一」事件後の米国によるアフガン戦争・イラク戦争への反対行動まで、一貫して平和のための言論活動を展開。『覇権か、生存か』集英社新書、二〇〇四年ほか。

比較はできないということです。僕らもなるべくそれに対して異議をとなえないようにしているわけですが、今、グローバリゼーションという大きな流れの中で、人類学者はどう考えたらよいのか。

最近、ブラウンという人の『ヒューマン・ユニヴァーサルズ』◎という本が目に留まったのですが、文化人類学の中でも、文化の基本的な部分と個々の部分のどちらに重点を置くかということで随分議論があるようですね。ギアツ◎が相対主義の代表ですが、もう一方のブラウンは、文化の差異ばかり見ていないで、そろそろ共通性のほうに意識をむけたほうがいいのではないかといっています。

川田　それは民博で僕が代表者になって三年間、「文化相対主義の再検討」という学際的な共同研究をやったことがあります。音楽学の徳丸吉彦さん、科学哲学の村上陽一郎さん、経済学の岩井克人さん、ピアニストの高橋悠治さんなんかが入っていた。これについては本を出すつもりで、結局出なかった。けれども、そのプロジェクトでなくとも、僕自身文化相対主義については、外国語ではフランス語などで発表しています。

文化相対主義はそれ以前の進化主義への一つのアンチテーゼとして、一九三〇年代に出てきた。フランツ・ボアズ◎などはとくにアメリカ先住民社会の非常に実証的な細かい研究から、それ以前の進化主義、進化論的なテーマで人類文化を唱えることに反

◎**『ヒューマン・ユニヴァーサルズ』** ドナルド・E・ブラウン著、鈴木光太郎・中村潔訳、新曜社、二〇〇二年。

◎**C・ギアツ** 一九二六ー。アメリカの人類学者。文化を象徴と意味の体系と規定し、ウェーバーやパーソンズらの思想をふまえた独自の解釈人類学を提唱。インドネシア、モロッコなどでフィールドワークを行い、『ヌガラ』(みずす書房、一九九〇)『文化の解釈学』(岩波書店、一九八七)等で人文諸領域に多大の影響を与えた。

対した。その弟子のルース・ベネディクト◎が『文化の型』（*Patterns of Culture*）という著書で理論化を試みたわけです。一九三四年に出た本です。

僕がとてもパラドクシカルだと思うのは、ルース・ベネディクトは日本でも有名になった『菊と刀』の著者です。随分批判はされているけれども、日本文化論としてこれだけの力を持ったものはないというぐらいの影響力があります。この本はどのように書かれたかといえば、まさに戦争中のアメリカ国防総省《ペンタゴン》の要請によるものだった。わけのわからない日本人の文化や行動様式を把握して戦争を有利に遂行するために、国防省がルース・ベネディクトに研究を委嘱したわけです。ベネディクトは自身の方法論をもとに、日本には一度もフィールドワークに来られない状況で、アメリカ在住の日本人や文献を使ってああいう仮説をつくったんですね。

それが発表されたのは結局戦争が終わった翌年の一九四六年ですけれども、これがベネディクトが最初に「人類文化の多様性の尊重」を応用した著作となった。けれどもこんなにアメリカの軍事的な国策にコミットした反相対主義の研究はないわけですが、まさにそれがベネディクトの、文化相対主義を応用した代表作の一つになっている。その辺にも、一つのカギがあると思うのですけれども。文化相対主義の一番大きな理論的欠陥というのは、文化の本質主義◎になるということですね。文化というものをそれこそ民族や人種と同じように、有境の固まった一つの概念としてとらえてしま

◎F・ボアズ
一八五八―一九四二。アメリカに帰化したユダヤ系ドイツ人民族学者。アメリカ歴史主義人類学の創始者。インディアン諸族の研究から、自然人類学を含めた人類文化のあらゆる領域にわたる研究に貢献、また数多くの有能な弟子を育てたことでも知られる。

◎R・ベネディクト
一八八七―一九四八。アメリカの文化人類学者。一九一九年ボアズに出会い人類学に関心を持つ。二〇年代のアメリカ・インディアン調査をへて、二十世紀前半の人類学の古典『文化の型』を著す。『菊と刀』

う。しかも相対主義を究極まで推し進めていけば、個々に、お互いに異なる文化は理解し合えないということにもなる。それからもし文化を最終的に担っているのが個人であるとすれば、異なる個人はお互いに理解し合えないという結論になる。現実には、理解し合えない面と理解し合える面の両方があると思うんです。

もう一つは、文化相対主義はとくに現代の社会では、低開発国◎に非常に評判が悪いんです。まさにグローバリズムと逆の「文化の多様性」を言うというのは、結局おなかのいっぱいな人たちが言う贅沢な話であって、それは低開発国を低開発のままで、「おまえたちはこれで我慢しろ」という一つの理論的な根拠になると。そういう点で、とくに開発問題に関して、文化相対主義はアフリカなどでは評判が悪い。低開発国の人たちにすれば、むしろ先進工業国に近づいたほうがいいと思うわけですね。

僕は、文化相対主義を標榜したルース・ベネディクトによるアメリカの軍事行動へのコミットメントと同じように、あらゆる文化についての議論は、文化相対主義も含めて主観的でしかありえないと思う。完全に客観的な文化の評価はありえない。そうすると、そのときに大事なのは、自分の視点は絶対に客観的だというのではなくて、自分の主観を相対化する装置です。そのために、対象とされる文化、それから僕の三角測量◎の議論ではそれともう一つ、その二つと著しく異なる参照点を設けて自分の見方を相対化することです。だから対象とされる文化が非欧米のものであれば、まず自

では、西欧を罪の文化、日本を恥の文化と類型化した。

◎文化の本質主義《エッセンシャリズム》
文化的な事象が、ある決定的な、それ以外に考えられない複数の特性（本質）によって成り立っていると見る考え方。近年、「構築主義《コンストラクショニズム》」と対置して使われることが多い。

◎低開発国
「開発途上国」という、現実を糊塗し、しかも「途上」という一元化された価値観にもとづく表現よりも、「高開発国」の植民地主義によって「低開

分自身の日本文化、それから文化相対主義そのほか文化の理論をつくってきた欧米の文化、そして今度それが適用される対象の文化、その三つの関係のなかで、自分の主観がどういう位置づけを持っているのかを明らかにすることが大事だろうと思うわけです。

それから普遍性の問題については、これは第二次大戦直後に出たリントンの『世界危機に於ける人間科学』◎（上・下、新泉社、一九七五年）という本のなかに、マードックが「文化の公分母」（The Common Denominator of Culture）という論文を書いている。やはりそこで、普遍性の問題をとり上げているわけです、たとえば核家族の問題であるとか。ただ、僕は普遍というのは探求されるべきものであって、前提になるものではないと思う。先ほどの大貫さんの議論とも関係するけれども、「グローバル対ローカル」と、それから「ユニバーサルとパティキュラー」という二つの対抗概念を混同すべきではないと僕は思うんです。「グローバル対ローカル」というのはあくまで力関係の上に成り立っている。いまはアメリカの経済的・文化的その他が非常に強いけれども、グローバルなのは力関係であって、アメリカの政策やあるいは英語がユニバーサルな価値を持つとはまったく考えられない。けれどもそれに対して「ユニバーサル対パティキュラー」というのは、文化の価値にかかわっていて、個別的な地方文化に対して普遍的な、人間にとっての普遍性が一方にあるだろうという考え方です。ただ、普遍的

発」にされた現実を表す言葉を用いるほうが、歴史的現実を正しく反映していると思う。（川田注）

◎三角測量
アフリカ・フランス・日本の三つの文化的地域から人類を対象化し思考する立場。

◎リントンの『世界危機に於ける人間科学』
The Science of Man in the World Crisis, edited by Ralph Linton, 1945. ラルフ・リントン（一八九三―一九五三）はアメリカの文化人類学者。ニューメキシコやコロラド、ポリネシア、マダガスカルなどの考古学調査に従事し、文化とパーソナリティ研究を中心とする理論的著作を著した。『人類学的世界史』小川博訳、講談社学術文庫、一九九五年ほか。

なものは実際には検証はできない。先ほど挙げられた本の「ヒューマン・ユニバーサルズ」にしても、世界じゅうの地方文化を全部調べて出てきたものではないですよね。それは検証はできないもので、探求されるべきものではあるけれども、出発点ではない。出発点は、あくまで個々の特殊な文化だと思います。いまの時点で一番重要なのは、「グローバル」イコール「ユニバーサル」と考えてはならないということだと思います。ただ、十八世紀のいわゆる啓蒙思想家たちが活躍したフランスの文化のように、普遍性志向をつよく持った文化というものはある。カトリック教などもそうです。それに対して日本人は、普遍性志向を持たない、自分たちは特殊で外人に理解されないと思いこんできた典型ではないかと思うんです。

それからもう一つつけ加えます。先ほどの「自然のなかのヒトの位置」について、僕は四つの基本的なタイプを考えました。第一は、「自然史的な非人間中心主義」の一元論。これは、ヒトというものも自然の一部であって、だから大乗仏教の元祖であるナーガール・ジュナ◎（龍樹）みたいに、万物は相互依存関係のなかで現れたり消えたりしている。あるいはレヴィ＝ストロースの「世界は人間なしに始まったし、人間なしに終わるだろう◎」というのも、やはり自然史的な非人間中心主義ですよね。それに対して「自然主義的な人間中心主義」というものがあり得るだろう。これは常識的な唯物論。人間というのはどう考えてみても、生物として自然の一部である。けれども

◎ナーガール・ジュナ　一五〇—二五〇頃。龍樹。南インドのバラモン出身の仏教僧。『中論』を著し大乗仏教を確立、中観派の祖とされる。

◎「世界は人間なしに始まったし、人間なしに終わるだろう」　前掲『悲しき熱帯』II巻、四二五頁。

やはり人間の欲望を満足させるためには、人間中心に自然をとらえようと。だからこれが理論化された場合には知的な唯物論にもなるわけだし、それからごく普通の常識的なわれわれの考え方は大体これですね。それから第三は、先ほどの「創世記パラダイム」のことで、神が人間をつくって、ほかのものは人間に奉仕するようにつくられたと考える、確信犯としての人間中心主義。そして第四のものがそれ以外、先ほど尾本さんの言われた広い意味でのアニミズムに含まれる、これもやはり基本的には人間中心主義です。人間の立場から自然を擬人化して考える。だからそのなかに先ほどの異類婚、人間以外の動植物とヒトとの婚姻、その結果異常能力をもった子が生まれるという話も出てくるわけですね。

ここにいる四人は基本的には、「自然史的な非人間中心主義」の一元論に賛成だと思うのですけれども、ただ、これも考えるのが人間である以上、どうしても人間中心にならざるをえないのではないかというのがこの考え方のジレンマで、僕の疑問です。

「人と動物の関係学会」で話した「人間は肉食をやめられるか」でも書いたんですが、宮沢賢治の『ビヂテリアン大祭』◎という未定稿の遺作があります。そこで述べられている基本的な立場は、賢治の思想は仏教的だし非人間中心の自然一元論に近いけれども、人間はたとえ野菜や何かをつくっても、間接にはほかの動物を犠牲にしている。それから、バクテリア段階まで見ていけば動物と植物は連続したものである。人

◎『ビヂテリアン大祭』
大正十二年頃執筆。『宮沢賢治全集』6巻所収、ちくま文庫、一九八六年。

間は自分が生きる上の業《ごう》として植物やそれに伴なって動物も殺しているけれども、自分がもし犠牲にされる立場になったらそれを喜んで引き受けるという気持ちを持たなければいけないという、かなり宗教的な立場に立ったものです。ただ、これはつまり「創世記パラダイム」の確信犯的な、たとえばマクドナルド牧場の牛は何万頭殺してもかわいそうじゃないけれども、クジラはかわいそうだというのとは違ったものだと思う。

それと、日本には供養塔とか塚というものがあります。たとえば佃島の住吉神社に大きな鰹塚《かつおづか》◎というのがあって、カツオの霊を祀っているんだけれども、これをつくったのは日本橋のカツオ節組合なんですね。自分たちは毎年大量のカツオの命を奪っているけれども、自分たちは生きるためにやむなくそれをやっているので、カツオに謝るという気持ち。下関で名産のウニの供養をするとか、何とか供養というのはそれはもういっぱいあります。それから尾本さんの住んでいらっしゃる広尾の祥雲寺には鼠《ねずみ》塚《づか》というのがある。◎明治三十四年に東京でペストがはやりそうになったときに、東京市がネズミをたくさん捕まえさせた。それで幸い大事にならなかったんだけれども、そのときに地元の人がネズミを大量に殺したというので大きなネズミ塚をつくった。それがいまでも残っていて、僕も行ってみましたが、後ろを見るととてもおもしろいんです。殺されたネズミたちもこの塚を建立したことで浮かばれるだろうという意味の歌が彫ってある。地元の明治屋とか食料品店も一口乗ってやっているんです。

◎住吉神社の鰹塚

◎祥雲寺の鼠塚

でも最終的には人間中心主義なんですよね。人間がペストで死なないためにネズミを殺した。けれどもそれは、やむをえずにやった。それでネズミに、ごめんねという気持ちを表明している。その点は、「創世記パラダイム」的な確信犯とは違うところだと思う。

西田 いまの話は大変おもしろいと思いますけれども、中国や韓国ではそういう塚は絶対につくらないですか。日本だけですか。

川田 塚はどうなのかな。よく知らないです。日本がかなり特徴的みたいですね。ただ、これはいまのところ、まだ中国、韓国の同じような慣行を調べていないので……。やはり僕は、モデルとして日本とヨーロッパと西アフリカという三地域の三角測量をやっているので、その周辺はこれからの検討だと思います。

種間倫理の問題について『神奈川大学評論』に二回書いたんです。◎ 一つは、人間の火葬した骨粉を鶏に食わせる。これはとてもいいアイデアだと思う。食いつ食われつの関係ですね、生命の循環のなかにヒトも入るという点では。ただ、やはり問題は、種間倫理といってもそれを人間が考える以上、どうしても人間中心にならざるをえないだろうということ。それから何よりもまず、ホモ・サピエンスという一つの種がこれだけ大量に地球上にのさばっていること自体が、そういう自然史的な発想からすれば「悪」なので、そうすると人間が消えていくのがいいのかということにもなる。だ

◎「評論の言葉　種間倫理を求めて」、『神奈川大学評論』47号、「ヒトの欲望と種間倫理」、同48号。

からそこでも、やはりいわゆる近代ヒューマニズムというものはもう一回考え直されなければいけないと僕は思います。

尾本　私はいまのグローバリズムとか文化相対主義の問題で、経済的なことはよくわからないですけれども、人権問題からするとどう考えても引っかかる文化があるわけです。たとえば中近東でよく行われている女性の性器の切除◎とか。あのような問題を果たして女性が納得しているのか、女性の気持ちが尊重されていないのではないかという気がする。ただ、文化相対主義と言われてしまうと、外部から言いつらうことがいけない、と僕ら人類学者は訓練されています。しかし、あれはいくら何でも人権上問題ではないか。

基本的人権（fundamental human rights）という概念を調べてみると、アメリカ独立宣言が一七七六年。それからフランス人権宣言が一七八九年。「人間が人間らしく生きていくために必要な基本的な自由と権利の総称。人間は生まれつき、また、国家ができる以前の自然状態から天賦不可譲の基本的人権を持つ」と。まことに美辞麗句だけれども、それがいったいどれだけ守られているのかということですね。とくに、文化相対主義の名の下に男女のひどい差別とか、それからたとえばヒンドゥー教のカースト制度とか、ああいうものはどうしても僕は人類学者として異論を唱えたくなるんですよ。ただ、それはやはり文化相対主義を尊重するという立場から言えば、外部の者がろく

◎女性の性器の切除
アフリカ、中近東、アジアの一部で行われている「女性割礼」とも呼ばれる慣習。主に生後一週間から初潮前の少女に施術され、毎年二〇〇万人の女性が受けていると推定される。一般に土地の伝統的助産婦が剃刀やナイフ、鋭い石などを用い、母親や親族の女性が押さえ付けて行う。出血多量や感染症で死に至る場合もあり、心身ともに後遺症が残るとされる。施術の理由には、結婚に備え処女性を守ること、男性への従属の証、美的外観の形成、性や出産にまつわる言い伝えなどがある。一九七九年のＷＨＯ調査で実態が明らかになり、世界女性会議などを経て廃絶運動が広がったが、当事者の女性たちの意志および伝統文化への配慮を欠いた先進国の女性主導による批判の仕方に対して、

によくわからなくてとやかく言うものではないということになるかもしれませんが。

川田　女性の性器切除の問題は、先ほどもお話しした民博でやった文化相対主義の再検討の共同研究でも大きなトピックになって、とくにソマリアの研究をしている京大の縄田浩志君、彼がそのことをよく調べてきていて、彼はやはりそれを尊重すべきだという立場です。これは、人類学者にとって一つの踏み絵ですよね。そういうのを尊重すべきかどうか。

尾本　尊重するんですか。

川田　そのときはイスラム研究の大塚和夫さん◎、彼もいて意見を述べたけれども、WHOなどの国連機関は「野蛮な風習だからやめさせろ」という気配が強いんです。僕も少なくともそういう西洋的なスタンダードあるいは国連的スタンダードで、「これは野蛮だからやめろ」というやり方には反対。

尾本　それはいけない。そういう言い方がいけない。僕は野蛮だからというのではなくて、やはり人間が人間らしく生きていくということに……。

川田　それが問題で、その社会のなかでは、それは人間が人間らしく生きるための必要条件とされる。たとえば、僕も長くフィールドワークをやったモシ社会でも女性の陰核切除の習慣があるわけです。ところがこれをやらない女の子は、徹底的に揶揄された。これはいろいろな歌とかお話のなかにいっぱい出てくる。そうすると、たと

疑問と批判の声が上がった。家父長制のもと女性が反対の声を上げにくく、また女性みずからが行っていること、タブーの事柄であることなどが問題を難しくしている。

◎**大塚和夫**
一九四九―。社会人類学、中東民族誌学。『近代・イスラームの人類学』（東京大学出版会、二〇〇〇年）『イスラーム主義とは何か』（岩波新書、二〇〇四年）ほか。

えば日本でかつて江戸時代に結婚した女性がしたように、眉をそるとか、お歯黒をつけるとか、こういうのもやはり差別だと言えば言えなくもないことになる。けれども、結婚した女性がお歯黒をつけて眉をそるというのが、その社会のなかで人間らしく生きるための一つの条件なんですね。だから人間らしく生きるということの範囲をその社会のなかに限って見た場合と、それからもう少し広げた場合とでは違うし、そこに生きている人たちの主観そのものをよく検討しなければ、外からは介入するのには慎重であるべきだと僕は思う。

尾本　けれども、あれは明らかに男の側からの理屈でやっているわけでしょう。女のほうから希望してやっているわけではない。しかも、それが嫌でアメリカに逃げていった女性はいっぱいいますね。

大貫　ただ、それは「ほかの社会では違う考え方がある、基本的人権という考え方がある」と教えられれば考え方を変えるかもしれない。けれども、それを知らなければ。

尾本　そう、だから世界の状況を教えて、女性が選択できればいいですよ。

川田　インフォメーションを与えた上で、それでもなおかつそれを選ぶのかと。

尾本　けれども、僕の独断と偏見かもしれませんが、とかくそういうことを言うと、イスラムの人たちはすぐにイスラム教に対する攻撃だと問題をすりかえる。僕は陰核切除がイスラム教と本当にどういう関係があるのか知りませんよ。おそらく関係ないと思います。よくは知りませんが、要するに宗教と絡んできて、必ず防御する姿勢が出てくる。

川田　西アフリカの場合では、男の子の割礼はイスラムと関係がある。けれども女性の陰核切除は、イスラム教とは無関係のようです。ただ、男の子の割礼は宗教と関係があるんですよね。ユダヤ教でも。男の子の割礼に関しては、アフリカで昔ながらの方法でやっているところも多いですが、地域によっては医者がやる場合もあるわけですから、男子割礼についてはあまり問題にならない。

尾本　統計がないだけだと思いますね。女性の性器切除は、ものすごい手術をやるんですよ。あとで細菌感染や何かで死者が出ていても、僕は一つも不思議じゃないと思う。そういうデータがないのではないか。お歯黒とか眉をそるとかは、生命に関係がない。けれども性器切除は本当に生命に関係します。いくら何でもひど過ぎると思う。

それからインドのカースト制度。僕はさまざまな差別の中で身分差別がいちばん嫌いです。しかし、インドのカースト制度はヒンドゥー教が認めているわけで、文化相対主義を持ち出されればロ出しできません。

西田　奴隷制度。南アフリカのアパルトヘイトだって、結局文化と言えば文化ですものね。これはわれわれの文化だと。結局批判されてやめてしまったわけですから。だから、批判したらいいんですよ、あんなもの。

尾本　僕もそう思います。だから批判するとすれば、人類学者が一番その立場にあると僕は思うんですよ。ほかの人たちは、なかなか批判が難しい。実際のことを知らないから。

大貫　人類学のやる分野というのはたくさんあるのだけれども、みんな避けてしまいますからね。

川田　それが文化相対主義の悪しき適用であって、それは避けてはいけない。ただしそこで議論して、彼らの言い分もよく聞いた上で、具体的な方法なども検討した上で判断すべきだ。単に不衛生だとか人権侵害だからやめろという立場が絶対だという考え方は、やはり僕はいけないと思う。その場合、ヒトに共通の普遍的な、善悪判断の規準があるのか、あるとすればそれは何かということになる。さもなければ、結局人それぞれの主観を絶対化して他者に押しつけあうことになる。そうすれば、いまのアメリカ民主主義の押しつけと同じことになりかねない。

西田　いま僕らで話題になっていることを申します。チンパンジーやゴリラ、類人猿をふくめて野生動物を食べるという習慣が中央アフリカではものすごくさかんになっています。ブッシュミート◎といっているんです。要するに野生の動物を食べるというのが。大部分はげっ歯類なんです、ヤマアラシとかジャイアントラットとか。

川田　サルも随分食べますね。

◎ブッシュミート
野生動物を狩って得られた食肉のこと。

射たコロブスザルを担ぐザイールの男（西田提供）

西田　ええ、サルも食べるんです。すべての種類のサルが食べられます。げっ歯類は「ネズミ算」といって食べられてもどんどん増えます。しかし、ゴリラ、チンパンジーは繁殖力が遅いから、一頭、二頭でも殺されたらもうすごく打撃なんですね。一頭のメスは五年に一回ぐらいしか子供を産みませんから。しかしこれも、アフリカ人は「これはわれわれが昔から食べてきたんだ」と主張するでしょう。「ゴリラ、チンパンジーを食べるのはわれわれの食文化である」と。日本人がよく「クジラを食べるのは日本文化だ」というのと同じだというわけです。しかし、そういうことを言っていたら生物の多様性は守れないわけです。そっちの文化だから、食べてくださいというのでは。やはりそれは批判していかなければいけないと思うんですよ。

尾本　僕もそう思う。ただ、クジラの場合は統計があって、本当に減っているのか、それとも増えているのかは、確かに議論があるところですよ。ただ、ゴリラは明らかに絶滅危惧種ですよね。それをもし食べるとしたら、これはいけない。

西田　どの国でも一応、国の法律では禁止しているんです。しかし食べるんですよ。私はユネスコの主張する「ユニバーサル・バリュー」（普遍的価値）というものは存在すると思います。大型類人猿には、普遍的価値があります。それをアフリカ人に説得する必要があります。中央アフリカの人々は、大型類人猿のことを十分に知らないから、食べてしまうわけです。

■カースト制度、ガンディーの思想など

川田　それからインドのカースト制の問題だけれども、一番下のアンタッチャブル〔不可触民〕から大統領になったナラヤナン◎という人を僕は個人的に知っていて、ニューデリーの広大な、昔のイギリス時代の総督官邸、そこで迎えられて、記念写真も撮ったことがある。これは岩波の『世界』◎に記事を書きました。彼はアンタッチャブルから初めて大統領になりましたけれども、ガンディー◎なんかと同じで早くからインドを出て暮しているんです。イギリスでも長く生活した。だから、国内で差別と闘いながら社会の中を上昇したわけじゃない。それから奥さんは、ミャンマーの人なんです。国際結婚ですよ。だから、カースト制度からは完全に離れたところで、社会的上昇を果たした。ガンディーだってそうでしょう。だから、ある意味ではそういう人の方がむしろラディカルな考えや動きが可能になるわけです。ガンディーだってインドのなかにいたのではなくて、イギリスに長くいて、それから次に南アで反人種差別闘争をやっているうちにインドのことを考えるようになって、帰ってきて運動したわけでしょう。だからこそラディカルな視点が出せたわけですね。弟子のネルーのほうがずっと現実的で妥協的だ。

それからもう一つ。僕はあのときは機織り、手仕事の問題を調べに行ったのです。

◎ナラヤナン
一九二一―二〇〇五。第十代インド共和国大統領（在職一九九七―二〇〇二）。インド南部のケララ州に最下層のカーストとして生まれたが、苦学の末に大学を首席で卒業、イギリスに留学。教師や新聞・雑誌記者などのジャーナリストを経て外務省に入り、中国大使や駐米大使などを歴任。一九八四年インド国民会議派から下院議員選挙に立候補し当選。

◎『世界』の記事
「ルポ・開発のなかの手仕事　独立五〇年のインドを訪ねナラヤナン新大統領に会う」『世界』一九九七年十二月号。

◎ガンディー
一八六九―一九四八。インド独立の父、宗教家・政治家。ロンドンに留学後、南アフリ

ガンディーの出身州グジャラートという、綿織物の伝統の古いところですね。結局イギリスの植民地になって、キャラコを機械でつくるようになってからそれがダメになって、原料のワタをイギリスにとられ、それを加工したイギリス製品を売りつけられ、ガンディーはそれに反抗した。けれども、かつてはイギリスという敵が外にいた。だから自分たちで糸を紡いで抵抗する姿勢を出したわけです。ところが独立後は、今度はそういう手仕事に対する敵は国内に移ったわけですよ。インド人の産業資本家がどんどん工場を建てて、大量に機械織りを始める。結局、手仕事としての機織りにとっては致命的な打撃です。機織りの手仕事というのは、一番機械化しやすいんです。元来手仕事として難しい作業だけれども、いまのハイテクでやると、パンチカードみたいなものを使ってものすごく精巧にできる。そうすると、よほど優れた技能を持った人でなければ、それを上回る質の製品を機械に太刀打ちできるスピードでは織れない。できたとしても、機械織を上回るものはものすごく高くつくので、土地の人には買えない。結局、それを買うのは外国の金持ちだという変な状況になってくる。

いま公的には、一応カースト制はなくなったわけですよ。なくなったけれども、カースト制の弊害で、実際には機織りのカーストの人が転業できるかというと、できないんです。そもそも、自分たちの土地も持っていない、農業技術、ノウハウも道具も持っていない人が、どうして農業に転業できるか。たとえば農業をやるといっても、季節

カで弁護士となる。帰国後「非暴力・不服従」を掲げる反植民地主義の独立闘争を指導。とりわけイギリス製品に対する不買運動というかたちでの経済闘争は、インドを巨大な市場としていたイギリスに大きな打撃を与えた。自ら洋服を捨て、民族の伝統的な糸紡ぎ道具チャルカを使い、古来の製法で衣服を作るガンジーの姿はよく知られる。

労働者として非常に不利な賃仕事に行くぐらいしかないんです。結局カースト制度は、うんと時間をかければだんだんになくなるかもしれないけれども、いまのところ現実にはまだまだ大きな足かせですね。

けれどもやはり、ガンディーの哲学で――彼自身は裕福な商人のカースト出身だけれども――働くということの倫理的な意味を考え直すという点。それには僕はとても関心がある。むしろこれはヨーロッパ語で非常におもしろいと思うのはインダストリー（industry）という言葉、これは『人類学的認識論のために』◎のなかにも随分書きましたけれども、これは石器や何かの様式のことも意味するんですね。

大貫　様式というか、道具の組み合わせですね。

川田　そう、それからその形容詞形のインダストリアル（industrial）とかフランス語のアンデュストリエル（industriel）というのは「働き者の、勤勉な」という意味ですね。しかし同時に十九世紀の産業革命もインダストリアル・レボリューションだし、いわゆる近代機械産業もインダストリーです。そういう意味で、だからまさにあれこそ「働き」という意味。インダストリアルというのは働き者という意味だから、「働き」という意味を先ほどのトラバーユという言葉とは逆に、よく表している言葉ではないかと思ったのです。石器の様式というか組み合わせ、そういうものからずっとつながっている。日本語だったら「働き」というのかもしれないけれども、ただ、石器の組み合

◎川田順造『人類学的認識論のために』岩波書店、二〇〇四年。

わせや様式を言う場合に、日本語の場合は何々式というのか。ルヴァロワ様式とか。そういう型の問題になってしまうけれども、つくるという、インダストリーというニュアンスがそこで消えてしまうのは、僕は日本語としては残念な気がするんです。そういう点ではヨーロッパの言葉、概念に学ぶべき点も僕はあると思います。

それから種の多様性では、つい先日あったアジア・熱帯モンスーンのシンポジウム（総合地球環境学研究所主宰）で、佐藤洋一郎◎さん（地球環境研教授）が、「緑の革命《グリーン・レボリューション》◎」と遺伝的多様性の問題を、危機的なものとして提起しました。一九六〇年代の「グリーン・レボリューション」によって、品種改良でイネの背をうんと低くした。そして品種の数が激減したわけですね。一八六〇年の四千品種から二〇〇〇年には一六〇に低下した。この結果がどうなるかはまだわからないけれども、やはりいったん危機がおこると、総倒れになって回復しなくなるわけです。

ただし、これはＡＡ研〔アジア・アフリカ言語文化研究所〕のクリスチャン・ダニエルス◎さんがコメントでいいことを言ったんだけれども、これを純粋に農学的でテクニカルな問題として考える前に、「緑の革命」はまず政治的な問題だと。一九六〇年代の冷戦構造のなかで、アメリカが東南アジアの共産主義化を防ぐためにものすごく力を入れてやったんですね。だから、政治的なバックがあって起こったことだ。そうでなければ、ひとりでにこうなるわけじゃないんです。それに対して社会主義側にもだいぶ

◎佐藤洋一郎
一九五二―。植物遺伝学。『稲のきた道』（裳華房、一九九二年）『ＤＮＡが語る稲作文明』（ＮＨＫブックス、一九九七年）ほか。

◎緑の革命
農業の生産性向上を目的とした、穀物類の品種改良などの農業技術の革新と、発展途上国への導入過程をいう。一九六〇年代に入り、アメリカをはじめ先進国の農業研究所で、トウモロコシ、小麦などの品種改良、とくに収穫量の多い改良品種の開発が進められた。第三世界における食糧危機を解消し、自給自足体制を確立するためと称して始められたが、逆に大量の化学肥料・農薬の散布、農業技術・設備のための資本投下を前提としたため、環境汚染や農村地域の所得格差拡大などを結果

遅れて、同じような問題が起こった。だからこういう一見純粋に農学上の問題に見えることでも、政治的な背景との関係が重要なわけです。

尾本　佐藤洋一郎さんは、僕が代表をしているDNA考古学研究会の重要メンバーですが、この間お会いしたときおもしろいことを言っていました。トウモロコシというのは、先ほどの話だけれどもアメリカ起源でしょう。そうすると、中国のトウモロコシはヨーロッパのほうから輸入されたものですよね。せいぜい何百年とかいう歴史しかない。けれども、佐藤さんが中国の雲南省かどこかでトウモロコシのいろいろなサンプルを集めてDNAを調べると、ものすごく多様だと。数百年前にもたらされたものにこんなに多様性が現れるだろうかと。佐藤さんは、発表はしていませんが、けれどもひょっとしたらもっと古く南米から直接来たものもあるのではないかと。

川田　日本経由かもしれない。

大貫　いや、直接中国に渡った可能性もある。

川田　日本には、トウモロコシはどういう経緯で来たんですか。

大貫　知りませんが「唐のモロコシ」なのでしょう。

川田　でも外来のものに「唐」をつけて呼ぶのは、トウガラシやトウナスと同じで……。

大貫　ただ、こういうことは言えるんですよ。メキシコや南米はトウモロコシの品種はとても多いですね。常に新しいものが出てくるから、ミックスされていますけれ

し、現在では批判の対象とされている。

◎C・ダニエルス
一九五三—。中国西南部・タイ文化圏の歴史を研究。編著『雲南の生活と技術』慶友社、一九九四年。

どもいろいろなものが出てくる可能性がある。一つの個体のタネのなかに、白と赤と黒がぶちになっているようなものもあるんですよ。そんなものがガレオン船で、フィリピンとメキシコの間をしょっちゅう行き来していましたから。フィリピンのマニラには中国人も日本人も、江戸時代に入っていたでしょう。鎖国の時代も商人がごっそり来ているんですよ。それが持っていってしまうということはありうる。

尾本 そうですね、メキシコ～フィリピン～中国という経路ですね。

大貫 広東のあたりには入りますね。そうするとそこから南中国、雲南のほうにばっと広がる。一五〇〇年代から一六〇〇年代ごろです。一五〇〇年以前というのは、ちょっと考えられないと思うんですけれども。

尾本 サツマイモもおかしいんですよ。ニューギニアに、それまではタロイモばかり植えていたのがあるときサツマイモが増え出して、サツマイモがおいしいという。あれももしアメリカから行ったとすると、コロンブス以降となると随分新しいわけでしょう。けれども、もっと古いのではないか。

■種間倫理の問題

川田 自然史の、ナチュラル・ヒストリーの一過程として人間を見た場合、人間とほかの動植物との関係はいかにあるべきかという、種間倫理についてはいかがですか。

大貫　これはやはり、どうしても人間中心主義であるということはもう避けられないですね。人間は知恵で自制する力を持てるんですから、そういう形で考えなければいけないでしょう。

川田　種間倫理でヒト中心主義を批判するときに、やはり一番問題になるのは、それを考えるのがヒトだということでしょうね。僕は、ヒトというのは自分の意思によってでなく、地球上の生物のお終いの方で存在しはじめたものだけれども、自然の一部でありながら自然を対象化するようになった、いわば宇宙のなかに芽生えた小さな自意識のようなものだと思うのです。いま、増殖し過ぎて他の生物種を滅ぼしつつあるからといって、ヒトが存在すること自体を否定することは不可能でしょうけれども、さっきの肉食をめぐる宮沢賢治の考えのように、ヒトだけの存続にしがみつくのではない、相互依存の思想のあり方を、現在の状況で考え、実践してゆくことが必要ではないでしょうか。賢治も大乗仏教の影響を受けているのだと思いますが、大乗仏教の元祖とされるナーガール・ジュナ（龍樹）の、生起と消滅は相互依存の関係にあるという考えが僕は好きなんです。こういうおおらかな、執着を離れた思想を、現代に活かしてゆく道はないものでしょうか。それと、現在のグローバル化と経済効率優先の風潮のなかで、人間疎外に抵抗するという意味での「人間尊重」humancentered の考えは、ヒト中心主義 anthropocentrism 批判と矛盾しないし、むしろ両立させるべきだと思

うのです。◎

尾本さんは、自然とヒトの関係についてどうお考えですか。

尾本　数年前、東京厚生年金会館の「新宿大学」という市民向けのセミナーで「チョウから学ぶ自然の大切さ」といった話をしました。その中で私は、子供の「理科離れ」とか「自然離れ」を防ぐにはどうしたらよいか、という提言をお母さんたちにしました。我田引水に聞こえるかもしれませんが、昆虫採集がいい。子供は昆虫など原体験として目にする自然に本能的に興味をもちます。これは、何十万年というヒトの歴史の中でおそらく本能的に植えつけられた性質でしょう。この自然に対する子供の好奇心を育ててやらないばかりか、お母さんが拒否してしまっている。ゴキブリを見てキャーというお母さんは、教育者として失格です。

昆虫採集は自然破壊だという人がいますが、それは違います。子供がとったくらいで絶滅する昆虫などいません。おかしいことは、昆虫採集禁止などと立て札をたてている場所が、宅地造成かなにかで一挙に破壊されている。そんなところなら、むしろたくさん採らせて標本を博物館にでも保存したほうがよほどいい。

昆虫採集は、自然に対する興味、注意力を高め、命の大切さや生物の多様性を学ぶ絶好のチャンスなのです。また、自分を周りの自然のなかに位置づけるという大事な能力を養うことにもつながります。誰でも、自分の顔を見るのに鏡が必要です。それ

◎川田順造「開かれた過程としての生命」（『巨福』八一号、臨済宗建長寺、二〇〇五年、六一一一頁）も参照。

と同じで、人間のことは自然という鏡があって初めてわかるのです。この意味で、自然を知らずに大人になることは、自己中心的な人間をつくることを意味します。環境対策の基本として重要なことです。

最近、ようやく、進化とか多様性の研究が生物学の花形になってきました。今までは、分子生物学、ＤＮＡの研究が花形で、チョウチョの多様性などは博物館で陳列するだけのものと考えられていました。しかし、今や、なぜ生物がこんなに多様なのか、どのようにして進化が起こるのかといった、ダーウィンが疑問に思ったことを分子生物学の手法で解明できる時代になってています。ですから、お母さんたちに、昆虫採集が立派な学者になる早道だという期待を持っていただきたい。

川田　教育に関連する話ですが、最近出た教育論の本◎にも再録されていますが、その著者で現場の名物教師だった名取弘文さんが『こどもプラス』に書いたインタビューがある。『こどもプラス』というのは、自由教育の有名な雑誌だったんです。名取さんは何年か前、雑誌に載せるためにうちにインタビューに来た。そのときも話したんだけれども、日本のある中学で鶏を飼って、それを子供に殺させて解体させて食べるという授業があったのを、父兄が反対させてやめさせた。僕は、それはぜひやってもらいたいと思う。その結果鶏が食べられなくなった子供がいたとしても、それは一つの結果としてしょうがないと言ったんです。人間はほかの動物との関係の間で、食いつ

◎教育論の本
『ナトセンのこれが教師だ』雲母書房、二〇〇五年。

食われつの関係でやっているのだから。アフリカの子供の場合、みんなそれをやっています。

僕が一番嫌なのは、鶏を殺すのはかわいそうだけれどもパッケージになってスーパーで売っているのはいい。それを親子丼にして食べるのはおいしい。殺してパッケージにするまでのダーティーな、汚いことは、だれかがほかでやってくれるということ。この差別感覚が子供のときから養われて「良い子」になるという、それが僕はとても嫌なんです。自分でダーティーなことを経験して、こういうふうにして人間はほかの動物を食べているんだと実感するのは、とても大事なことだと思う。

これは前にとてもびっくりしたんだけれども、「ぼうずしゃも」という、江戸時代初期以来のシャモ料理の老舗が両国にある。前はもちろんそこに生きたシャモを置いてあって、それを絞めて出したんだけれども、いまは千葉からわざわざとり寄せるんです。そこで殺してはいけないらしい、東京都の条例で。僕は東京都にわざわざ電話して「千葉県ならいいけれども東京都内はダメだというのは、差別ではないか」と言ったら、そうではなくて東京都内でもどこか多摩のほうとか、要するに特別の施設で殺すのはいいと。だけど店先でやってはいけないそうです。

尾本　それはひどいですね。

大貫　ただ、それはほかの家畜もそうですね。やはりそれは食肉衛生上の措置で。

尾本　歴史的に、いろいろな職業のなかでとくに動物の屠殺や血を扱う人たち、汚いものを扱う人たちが穢多《えた》として差別された。もとをただせば、仏教、さらにヒンドゥー教にまで行き着くのかもしれません。職業差別や身分差別を仏教が否定しなかった。自分がやりたくないことをやってくれる人たちを差別するのは絶対にいけない。

川田　だから、そういう差別意識を子供に持たせることがとてもいけない。自分たちはクリーンで「良い子」だという、それはとんでもないことです。

3章 現代以後のヒト学はどうあるべきか

川田　それでは第三の、締めくくりに入ります。これからのヒト学ないし人類学のあり方についてイメージを語ってください。いままでの人類学がどうとかいうい きさつに一切関係なく、これからどういうものであったらいいかという、将来へ向けてのイメージについて。

僕は、ほかの人に言われるといけないから先に言ってしまうと、「人間の顔の見えるヒト学」。

尾本　うん、そういう顔の見えるヒト学というのを言っていらっしゃいますね。

川田　和辻哲郎の愛弟子の佐藤俊夫◎先生の教養学部のゼミで、カントの有名な *Grundlegung zur Metaphysik der Sitten* を読んだんです。あれを読んで、すごく感銘を受けたんです。僕はカントのアントロポロギーという考えがすごく好きですが、やはりあの本をドイツ語で読んでよかったと思うのは、あれは日本語の翻訳だと『道徳形而上学への基礎づけ』などとなっている。「道徳」という言葉です。ところが、ドイツ語ではジッテ（Sitte）です。ジッテという語は普通の理解では「習俗」です。佐藤俊夫先生御自身が東北の出身で、学部の卒論でも東北の習俗について書いた人です。その後『習俗』◎

◎**佐藤俊夫**　一九二一―。倫理学者。『倫理学的散歩』UP選書、一九七〇年ほか。川田順造『人類の地平から』（ウェッジ、二〇〇四年）二〇一―二〇四頁も参照。

◎**『習俗――倫理の基底』**筑摩書房、一九六一年。

という立派な本を書いて、僕にも送ってくれたんです。

そのときは、まだ教養課程のゼミでしたけれども、そのときカントの本で目を開かれたのは、道徳というのはジッテであって、人々が共同で守るべき習俗というのが道徳なんだというとらえ方ですよね。僕はこれをやはりドイツ語で読んでほんとうによかった、とくに佐藤先生の授業でよかったと思います。カントは生まれて死んだ町ケーニヒスベルク（いまはロシア領のカリーニングラード）を一歩も出なかったというけれども、ルソーが好きだったんですよね、ルソーをとてもよく読んで、性格的にはおよそ対照的に思える思想家ですけれども。だから、世界の民族誌、さまざまな習俗を実によく頭に入れていましたね、カントという人は。

僕はそのくらいにしておきますが、二十一世紀のヒト学へのイメージについて、西田さんはどうですか。

■人間らしさはどこからきたか

西田　僕はずっとチンパンジーの研究をしていたんですが、これはまず第一に、人間とチンパンジーの共通点を探すということです。いままで人間独自といわれてきたものがチンパンジーのなかに見つかることから、より動物と人間の違いがあいまいになるというのもありますし、逆にやはり人と違う点も明らかになってきますね。しかしその違いがどう生まれたかというのは、チンパンジーの研究をしていてもわからない。ヒトとチンパンジーが分かれた後、ヒトは独自の進化をしているわけで。ヒトの独自の進化は、僕がいくらチンパンジーの研究をしてもわからないんです。そうしますと、やはりこれから知りたいのは、結局ヒトとチンパンジーが分かれた後のヒトの進化に最大の影響を及ぼしたものはなにかという問題ですね。私が考えているところでは、一番大きなものは文化であって、人間がつくった文化自体が淘汰圧になって、人間の行動がいろいろ選択されてくることになる。「文化」とは人為環境もふくみます。たとえば、ラクターゼ（乳糖分解酵素）なんかはそうですね。白人などは分解できるけれども、日本人などは大人になると、ラクターゼの活性が落ちて、ミルクを消化できなくなる。あれは、牧畜の文化を持っている人たちに偶然乳糖分解機能の活性が落ちない突然変異が生じたとき、その変異が、牧畜生活では生存に有利になったわけですね。

尾本　乳糖耐性の問題は、遺伝子が自然淘汰によって変化するというダーウィン流の進化がヒトでも起きているという例としてよく取り上げられます。しかし、専門家の間でも議論があって、まだ完全に認められてはいません。

西田　そうですか。まあ、細かい話では一応そういう例があるわけで。あとは有名な鎌形ヘモグロビン◎の研究はもうずっと前からされていますね。あれはおそらく、農

◎鎌形ヘモグロビン
鎌形赤血球症は、西アフリカを中心として見られる貧血症の病気。マラリア猖獗地では、人々のヘモグロビン遺伝子に多型があり、S遺伝子がホモ結合（SS）だと貧血症を起し赤ん坊は死亡するが、ヘテロ結合（Ss）だと、正常の人よりマラリアに対し抵抗性があることが判明した。

耕が開始されたあと、それによっていろいろなスワンプ〔沼地〕というか、蚊がたくさんいる場所が生まれ、マラリアが猖獗して、それで鎌形へモグロビンを持っている人が有利になったというのと関係があるのではないかと。そういったことは教科書に書かれている有名な話ですけれども、ほかにはたとえば、犬歯が短くなったということがある。これは昔はヒトが武器を発明したからだと言われていました。これだって、いまもまだはっきりわかっていないことなんです。何で犬歯が短くなったかを説明するもう一つの仮説は、ヒトの祖先が硬い食べ物を食べだしたからである、というものです。硬い食物を咬みつぶすためには、アゴが回転しなければならない。すると、突出した歯が邪魔になる。それで犬歯を短くする淘汰圧が働いたということなんです。

尾本　威嚇の手段ということでしょう。道具を持つようになったから、別に犬歯で脅かさなくても石器を持っていたほうがよほど動物にとっては怖い。あれは、犬歯というのはサルなんかでも威嚇の道具なんですよ。ゴリラなんか、別に犬歯を使って相手を攻撃するわけではないので。

西田　いやいや、やるんですよ。あれは、オス同士はね。

尾本　そうですか。でも威嚇の意味が大きいのではないですか。

西田　もちろん威嚇は大きいですけれども、最終的には犬歯で殺されますよ。ゴリラのオス同士はよく戦うのです。もし犬歯をまったく使わなかったら、威嚇の道具にならないですからね。ただ、一応いま尾本先生が説明されたような説はありますけれど、いずれも仮説なんです。

それからまた、右ききという問題ですよ。これは、人間の九〇%以上は右ききですよね。大型類人猿の利き手については、一九八〇年代にかなり研究されたんですが、結局一頭一頭の個体については、利き手は決まっていることが多いですが、集団レベルでは右利きが多いというような事実は出てこなかったのです。たとえば蟻釣りという道具手法がありますね。左利きの個体もいれば、右利きの個体もいる。道具を使う手ですが、集団レベルでは利き手はないんですね。不思議でね。結局集団レベルでの右利きは、いまのところはヒトの特徴になっています。これも一応想像をたくましくすれば、ヤリの発明。おそらくヤリは人間共通の道具じゃなかったかと思うんですけれども、ヤリというのは掘り棒とかいろいろなことに最初は使われて、それが投げヤリになったんじゃないかと思います。

尾本　右ききは、言語脳が左でしょう。言語分野が左脳に発達してきたことと関係があると思いますよ。つまり言語脳があるところで運動領域も大きいというのはやはり不便な点もあるので、それで、右ききになることによって何か分業みたいなことが起こったのではないかという気がするんですけれども、わかりません。子供のときにきき手を無理に矯正すると、どもり、吃音になるでしょう。あれは確かに、言語脳と

オオアリ釣り（西田提供）

何か隣接したところにあるのではないかと思いますね。

川田　左ききの人は、右脳が発達しているんですか。

尾本　いや、それがはっきりしないんですよ。やはり言語脳は左みたいですよ。左ききの人でも。わからない。はっきりしていない。

川田　手を使う有名な芸術家では左甚五郎もそうだし、フランスのルノワールもロートレックも左きき、それから梅原龍三郎も左きき。

尾本　日本人には少ないですね、左利きが。それは、子供のときに矯正してしまうからというんですよ。ただ、将棋のプロ棋士には左利きが多いんです。私が調べたのですが、一二パーセントぐらい左利きですよ。一般人ではせいぜい数パーセントです。

西田　空間の把握感覚は、右脳と関係があるんですね。

ヒトの進化の淘汰圧になった文化のもう一つは、火の使用ですよね。アゴが小さくなったということは火の使用と関係があるでしょう。火の使用は大きな影響を及ぼしたと思う。これは古い。ホモ・エレクトゥスの段階だと言われていますから。これはどういうことだったのか。どういう方法で研究したらいいかわからないですけれども、このあたりもやはりテーマとしては、文化が淘汰圧としてどう働くかということにつながる。それからもちろん現在は、糖尿病がふえるといったように、現代文明によって淘汰圧が変わっていますよね。病院があって、普通なら死んでしまう子供が生き残るということもある。この辺もやはり、人類学の――人類学だけではないでしょうけれども――最大のテーマだと僕は思います。

大貫　ここにせっかく自然人類学者がいるから聞きたいんだけれども、日本の女性の脚の形が西洋人や中国人と違いますね。あれは育ちの問題ですか。

尾本　育ちでしょう、遺伝は関係ありません。このごろは変わってきましたよ。江戸時代とは随分違うはずです。

大貫　でも相変わらずひどいのが、ハイヒールを履いて、スカートを履いてガッチンガッチンと歩く。

川田　かかとを引きずって歩くんだ。あれは不思議です。めったに下駄や草履を履いたことのないような若い人でも。僕は成田空港に着いて、ああ日本に帰ってきたなと感じるのは、空港のホールや通路でスチュワーデスがみんなハイヒールのかかとを引きずって、カランコロンと下駄感覚で歩いている。

尾本　西洋人もアフリカの人たちも、歩き方はきれいですね。スタスタと。

川田　アフリカは頭上運搬をやるから、とても姿勢がきれい。年をとっても腰曲がりがほとんどない。

尾本　アジアでも、東南アジアなどは割合歩き方がいいのではないですか。だから大貫さんがおっしゃるのは、やはり北アジアではないですか。

大貫　いやいや、日本だけですよ。長い間の労働の結果として悪くなるのもありますよ、たとえば農作業とか。しかし、若い子であれだけ曲がった悪い脚を持っているのは、日本人だけですよ。いわゆるダイコン足ではなくて、曲がっている、O脚ですね。しかも内股。

川田　そう、それは和服の歩き方が内股だからということと関係があるのでしょうか。

大貫　あれは単に正座の習慣の問題ではなくて、人の目を気にしているから。内股になると、つつましい感じになる。控えめな印象になる。だからそういう文化の問題と、かなりかかわっていると僕は思いますね。

川田　僕は昔、パリ留学中、鈴木尚先生がパリに来られて、一緒に街を歩いたとき、フランスの女性の脚がきれいだという話になった。僕がその理由を質問したら、あれはやはり脚の骨のプロポーションで、それによって筋肉のつき方が違うからだと鈴木先生はいわれた。やはり解剖学と骨の大専門家の見方だと思いました。

ついでに内股との関連で言うと、西アフリカ内陸社会では男性も女性も、ものすごい外股歩き。外股歩きは、上下動が少ないんです。だから頭上運搬をやるときは、これは連続写真を撮ったけれども、ちょうど向こうにずっと水平の屋根があるところで目の前を往来しているのを、僕がこちらに座って連続写真を撮った。ほとんど上下動がない、すごいですね。それで僕も何度か、彼らの後をついて同じように歩いてみた。

すごく速いし、大股です。これは前に遠藤萬里◎さんに話したら、歩き方のペースをはかってみてくれと言われたけれど、外股で、大股で速いペースで歩く。それでいて頭上の荷物のゆれがない。横から見ると、背筋はまっすぐですよ。お年寄りの腰曲がりがほとんどない。西洋人の場合も腰が曲がらないで、首が前に出て、首のうしろの肩の部分が猫背になる。日本人は、腰のところで曲がる。

◎遠藤萬里
一九三四―。東京大学名誉教授。専門は自然人類学、バイオメカニックス。著書『人類学百話一話』てらぺいあ、一九九八年ほか。

■総合人間学としてのヒト学

尾本　ヒト学への私のイメージについてお話しします。まず、用語のことをもう一度繰り返させていただきたい。人類はヒト科（ホミニッド）の動物のすべてを指しますが、ヒトはホモ・サピエンスという単一種のことです。ですから、人類学はすべての人類の起源・進化、適応、変異などを研究する学問で、化石やサルは重要な研究テーマです。人類の進化の歴史は五〇〇万年以上にもわたりますが、ヒトのそれはたかだか二〇万年しかないことはすでに述べたとおりです。

私は、現代人を中心としてヒトを自然科学的に研究する学問をヒト学と考えています。そして、これは自然科学を基礎としますが、文理融合的になってほしい。しかし、それでは焦点が定まらないという意見もあるでしょう。文理双方からの学際研究に対しては、ヒト学よりも総合人間学という呼び方のほうがよいかもしれない。そこで、私は、数年前に桃山学院大学で総合人間学というインテグレーション科目（複数の講師による授業）を立ち上げ、その一部、自然科学としてのヒトの基礎的理解の部分を「ヒト学入門」として講義しました。

私のイメージとしては、現代人の直面している人口、環境、教育、人権、平和などの大問題をもヒト学の問題として考えたい。キーワードで表せば、ヒト学は「DNAから人権まで」ということです。これは、私自身の研究の目標でもあります。

今年（二〇〇五年）の七月三十日に京大で日本認知科学会が開かれますが、私はそこで「人類学からヒト学へ」と題する招待講演をします。私は、現在の人類学には少しばかり不満で、しかし愛情はもっていますので、もっとがんばっていただきたいという話です。なかでも、自然人類学と文化人類学がもっと仲良くしていただきたい。しかし、とりあえず私自身は、ヒト学という分野を確立したい、ということです。

大貫　本当に大賛成ですね。私もやはり人類学、あるいは文化人類学に限っても、いま何かはっきりしない。あまり発言力がないでしょう。影響力がなくなってしまったんですよ。これは世界的にもそういうことがある。レヴィ＝ストロースだとかギアツだとか、一時期は本当の大論客がいましたが。

川田　それからマーガレット・ミード◎もですね。

尾本　ミードさんに何か批判が出たのが問題ではないですか。オーストラリアのデ

◎M・ミード
一九〇一－七八。アメリカの人類学者。ボアズに師事し、ベネディクトと親交を持つ。長らくアメリカ人類学会をリードする存在として精力的に活動。サモア、ニューギニア、バリなど主に南太平洋の調査を行い、いわゆる「文化とパーソナリティ」理論の形成に寄与した。『サモアの思春期』（畑中幸子・山本真鳥訳、蒼樹書房、一九七六年）『男性と女性』（上・下、加藤秀俊訳、東京創元社、一九六一年）ほか。

レク・フリーマン◎という人がね。

大貫　でも、そればかりでもなかったのではないですか。

川田　とくに相対主義に関連しては、ギアツの非常におもしろい論文で「アンチ・アンチレラティヴィズム◎」(Anti Anti-Relativism) という論文があるんです。反相対主義、つまり主義として相対主義に反対するのには反対だ、ということでなかなか含蓄のある言葉です。

■開発と人類学

大貫　ところで、たとえば開発問題ですね。いわゆる低開発国の開発。アフリカのタンザニアのどこだとか、アマゾンだとか、アンデスのほうの農村だとか、ついこの間までそこに入っていたのはみな人類学の人だけだったんですね。ところがいまや、そんなことでかかわっている人類学者はほとんどいなくなり、開発経済とか、農業の専門家だとかいろいろな人が入ってしまっている。

ある人が、京都大学の農学の先生でしたけれども、おもしろいことを言っていました。自分はインドネシアの農業開発などで向こうの人と会うと、向こうもいろいろ開発されることを望んでいるわけですよね。ところが文化人類学は習慣を壊すとか言って、開発に反対する。そういうことで、ブレーキのかかるような存在でやっていたん

◎D・フリーマン　一九一六―二〇〇一。『マーガレット・ミードとサモア』(木村洋二訳、みすず書房、一九九五年)において、人類学の古典『サモアの思春期』を批判。みずから四〇年にわたる徹底的な調査にもとづき、ミードの調査方法やデータの不備を明らかにし、その虚構性を指摘、同書がアメリカで受け入れられた思想的背景を問うた。物議をかもした問題の書。

◎"Anti Anti-Relativism" *American Anthropologist*, 86 (2): 263-78, 1984 に初出。

ですよ。それならばと、逆に協力してくれる文化人類学者に頼むと、そこでは何を食べているか、どのぐらいの収量をあげていますかというデータを全然出してこない。

尾本 それはわかる。僕などもそれで批判されました。

大貫 そういう、いままでの人類学の問題があって、現代の問題に何かタッチできない。

それから環境問題。一時期、熱帯雨林を守れとか、熱帯雨林に住んでいる伝統的先住民に学ぼうということを、全然人類学ではない人たちが言いだして話題になった。いままでニューギニアに入っていた人とか、アマゾンに入ったりコンゴに行っていた人類学者たちの発言はどうなるんだと。

西田 京大にアフリカ・センターがあったでしょう。あれがなくなってしまった。なくなったというか、名目上は大学にあるんですけれども、アフリカとアジアが一緒になって、アジア・アフリカ地域研究研究科という大学院ができた。これは地域研究◎なんですよ。

尾本 日本学術会議でも地域研究がいま大問題になっていて、僕は太平洋学術研究連絡委員会の委員長をやっているけれども、「太平洋なんて地域研究のごく一部でしょう」なんて言われて、困っているんですよ。地域研究というのは、何か最近非常に重要なんだという認識が出てきたのでしょうか。

◎**地域研究**
特定地域の構造や特性を、言語や地理、歴史、政治、経済、社会、文化等を含めて総合的・学際的に研究し、全体的な理解をめざそうとする学問。エリア・スタディーズ。

西田　そうでしょうね。僕は、地域研究というのは何かわけがわかりませんよ。普遍的な問題をテーマにしていない、という印象があります。人類学が力がなくなってきたのか。政治や経済の人が入っているんですよね。

大貫　それでもいいんですよ。地域研究のなかで人類学が占める位置というのはあるはずですから。けれども人類学者が嫌ったんですよ。国立民族学博物館がそうでしょう。

尾本　あるじゃないですか、地域研究センターが。

大貫　いや、あれと一緒になるのを嫌がったんですよ。われわれは地域研究じゃないと。人類学は人類学でやってきたでしょう。むしろ国際関係論でも何でもいいんですが、地域研究のなかに入ってというか、一緒になってやったほうが、僕は人類学の生きる道はあると思う。「あれは社会科学と開発経済学だ」などと言って、活動範囲を狭めてしまうとまた問題。文化とその歴史を入れないと地域研究は大きな欠陥を持つことになる。それを具体的に示すことが文化人類学には必要。

尾本　いろいろな分野の人たちがもう少し一緒になることを考えないと、人類学はバラバラということですね。

大貫　そうしないと結局何になるかというと、こう言っては悪いけれども「日本民俗学的」になるんです。フォークロア的になる。つまり「オジイチャンから聞いたら昔はこんなことやっていた」とか、「あそこで人食いをやっていた」なんて話をよく知っているよという学問になってしまう。

尾本　それはもう、みなさん大変人気がある。

大貫　昔はニューギニアでは裸で暮らしていて、ペニスケースをつけていたとかね。それがいまはみんなズボンを履いて、背広とネクタイを着けているニューギニア人だけど、昔は、ほら、ごらんと。写真があって、こんなペニスケースがあって、このペニスケースのつくり方がこうだと。そういう知識だけが残されてしまう恐れがあるわけです。

それからもう一つは、歴史の文書、古文書をどう読むかという技術がありますね。それと同じように昔あった『アンダマン・アイランダーズ』◎に書いてあることをどのように読むかということを、正しく読めるようにある知識を継承して教えていくという役割。これは大切ですが、人類学はそれだけでいいのか。

川田　最近の日本文化人類学会の例会などもそういうものでしょう。ラドクリフ＝ブラウン◎や何かの読み直し。そんなふうにやり直すことももちろん大切だけれども、もっと自分のオリジナルな資料とコンセプトで前に進んでもらいたい。

尾本　細かいばかりですからね。それで僕は諸悪の根源というかな、やはり東大のなかで自然人類学と文化人類学の仲が悪くなったというのが、対外的にものすごくマ

◎*The Andaman Islanders*, Cambridge University Press, 1922, 33. ラドクリフ＝ブラウンの主著。

◎ラドクリフ＝ブラウン
一八八一―一九五五。イギリスの社会人類学者。マリノフスキーとともに近代人類学あるいは機能主義的人類学の創始者といわれる。ベンガル湾のアンダマン諸島で実地調査を行ったのち、世界各地で研究活動を展開。時代の主流であった進化主義的人類学を強く否定し、社会構造を重視した。『未開社会における構造と機能』新版、青柳まち子訳、新泉社、二〇〇二年ほか。

イナスだと思う。僕らにも責任はあるんだけれども、文化人類学の人も困っている。

大貫　先の津波の場合も、ニアス島だとか東南アジアのいろいろなところで災害があるでしょう。あれだって、ついこの間まで人類学のフィールドですよ。真っ先に飛ぶのは人類学者でなければいけないのに。

尾本　そうですよ。だからヒト学の一つのイメージというか希望として、もう一度何か人類学の原点に戻って、ルネサンス的にできないだろうか。先ほどから言われている近代以後、ポストモダン、つまり現代以後の課題として。

大貫　やはり現場主義だと思うんですよ。現場に行くべきだと思う。

川田　そう、最近はそれをやらない。みんなすでに出来上がったテーマを持っていて、資料中心になる。それではダメなんだ。自分の感性が根本から変えられてしまうような、そういうフィールドワークがなければ。

大貫　それとやはりフイジカル・アンソロポロジーをやる必要がある。

川田　それは、ヒトを自然史的に把握する感覚をつかむために、絶対必要。

尾本　政治や経済は我関係なしという人ばかりですからね。僕などは、何か余計なことをやっていると思われていますよ。けれども僕はやはり若い人で……ただ科研費とか何かを申請するのに、そんなこと言っていてもとれないから、みなさん細かい専門的なことで研究をするのはわかる。それはそれでいいんですが、ならばいったい究

極目標は何だと、シンポジウムなどでの機会があれば聞きたいんです。

■世界に横行する「悪」

大貫　それからもう一つ言いたいのは、戦争の問題です。国民国家を理想とした近代国家ができてきて戦争があったわけだけれども、いまの戦争はもう国境を変える戦争ではないですね。国のなかの、ほとんど民族対立でしょう。アフガニスタンに何とか族、何とか族がいてこうなっているとか。それからいまは、イラク問題で部族、部族と。あの部族は何かといったら、普通の部族と違いますね。あれはリニージかクラン◎でしょう。要するに男系の祖先から分かれてきた一族ですよ。だから、あれは要するに親族集団の話です。そういうことは人類学者だったらすぐ、ある程度知識を持っていてわかるけれども。

尾本　先ほどからのわれわれの議論でもあるように、人種はダメとか民族という概念もダメとか、一生懸命になって人類学者が考えればそれは確かにそうなんです。ただ、そういうことの社会に対する影響をきちんとアフターケアしなければ。そうしないと、民族はダメだとか人種がダメだとなると、その背後にある多様性も無視されてしまうわけです。

大貫　現場でよく見てきたそういったことを生かして、国際政治やいまのイラク問

◎リニージかクラン
一般に、リニージ（lineage）は明確に認識されている祖先と子孫との系譜関係にもとづいて、共通の祖先からたどられる出自を同じくしている人々の集団をいう。クラン（clan）は、神話・伝説上仮定された始祖からたどられる共通の出自によって組織された氏族で、父親または母親を通じた単系出自集団とされる。

題をどうするかの場面で大きな発言力を持たせることもできるはずですね。

尾本　比較宗教学の町田宗鳳◎さんは、少年時代に京都の禅寺に飛び込んで修業をしてからアメリカで比較宗教学の学位をとられたという特異な経歴の方ですが、『なぜ宗教は平和を妨げるのか』〔講談社プラスアルファ新書、二〇〇四年〕や『法然――世紀末の革命者』〔法蔵館、一九九七年〕などの著書を出されています。昔の仏教では、「お寺に来ないとひどい目に遭いますよ」と仏教を宣伝する方便の一つとして地獄図絵を見せたそうです。けれども、考えてみれば、いまイラクやルワンダで起きていることは、まさに地獄絵以外の何ものでもない。どうして、そのことを現代の宗教家がもっと考えないのか。要するに、人間の悲惨さを見据えて、それではどうしたらいいかを考えるべきと町田さんはいいます。

ところが、宗教や民族があると、いつまでたってもみんな対立していて仕方がない。僕はそれこそ大彗星か何かが日本に接近してきて、もう地球が滅亡するときになって初めて、異なる立場の人たちが団結しようかという気になると思うんですよ。だからある意味で言うと、行きつくところまで行かなければダメだと思いますね。

僕はブッシュ大統領というのは悪だと思いますよ。けれどもアメリカが徹底的にやっていった先に、世界じゅうの人がいくら何でもこれはひど過ぎるということに気がついてもらわなければいけない。そうならなければ、僕はダメだと思う。

◎町田宗鳳
一九五〇年―。比較宗教学・比較文明学・生命倫理学。『「野生」の哲学』（ちくま新書、二〇〇一年）ほか。本書六五頁参照。

大貫　そうですね。何かそんな感じですね。ビンラディンのＤＮＡを親族から採取して、それでアフガニスタンでビンラディンが死んでいるかどうか調べようということをやったでしょう。あれはなぜかということを、だれも報道しないわけですよ。あれだけの武器・弾薬でボンボンやるから、死体の顔なんて残ってないわけでしょう。肉片になってしまって。あちらに一つ、こちらにべたべたと肉片になっている。大勢の人間が。それをビニール袋に入れて、そのうちのどれかがＤＮＡでビンラディンのものに合えば「彼は死んだ」と言えるわけです。ビンラディンの顔はもう残っていないんですから。いまはそういう戦争でしょう。そのことを、もっと伝えるべきだと僕は思う。

尾本　とにかく僕は、終末が近づかないと人類は我に返らないと思いますね。日本だって、こんなことを言ったら右翼の人に怒られるけれども、戦争に負けてようやくいろいろなことに気がついたんですよ。あれは随分よかったんです。それで平和憲法もできたわけでしょう。それがまたぞろもと来た道へ行こうとしているわけでしょう。懲りないですな、人間というのは。

僕はいま、地球温暖化で明らかに大災害の前触れが起こっていると思いますよ。先の地震はさすがに違うと思うけれども、乱気流が増えていることなどは温暖化の影響だと思います。そういうことでいまや環境問題は限界まで来ているんだということを

米のアフガニスタン空爆

けれど、宗教国家でもあるわけですよ。アメリカは。だからブッシュなんかは、アメリカは神に選ばれた国であると自信満々でいるわけでしょう。

もっともっと言って、戦争なんかしている段階ではないんだということを知らしめなければ。けれども一番困るのは、国連とか京都議定書◎にしても何にしても、全部アメリカが自分たちのエゴイズムで否定するでしょう。今度任命されたアメリカの国連大使は、「国連がアメリカの役に立つのだったらやる」と言っています。それでさすがに元の国連大使たちが怒って、「あいつをやめさせろ」といまアメリカで問題になっていますね。ひどいですよ。

どうしてもわからないのは、アメリカは大変な宗教国なんです。みんな敬虔なクリスチャンで日曜日は礼拝に行く。なぜそういう人たちがブッシュのああいう行動を許しているのか。

川田　それからアメリカには、インテリが大勢いるわけでしょう。その人たちはどうしたのか。

尾本　それは、チョムスキーのように一生懸命になってブッシュに反対している人もいますよね。あれはやはりアメリカのいいところ。あれがもしロシアあたりだったら、殺されていますね。アメリカはやはりちゃんと言論の自由があるから。それはいいですよ。僕は割合ドイツかぶれの方なのでアメリカは嫌いだけれども、しかしヨーロッパにもアメリカよりひどいところもいっぱいある。

大貫　インテリが力を持たないというのは、やはり一般の人たちのところまで浸透

◎京都議定書
一九九七年に開かれた、地球温暖化防止京都会議（第三回気候変動枠組条約締約国会議、COP3）で決議された議定書。地球温暖化の原因となる温室効果ガスである二酸化炭素等について、先進国の削減率を一九九〇年を基準に各国別に定め、約束期間内に目標達成することを約するもの。ほか排出権取引などのメカニズムが含まれる。二〇〇五年に発効したが、二〇〇六年五月現在、アメリカはいまだ批准せず、離脱したままである。

しないんでしょうね。つまり人口増が起きればそういう状態にもなるでしょう。

尾本　人類学者が確かに無力になったのはわれわれの責任でもあるけれど、この辺でちょっと盛り返さないと。僕らは決して人類学、人類学者がいばりたいのではないのです。やはり人類学という学問がいままで蓄積してきた英知が、絶対これは人類のためになると思う。それをいかにうまく利用してもらうか。それを僕らは発言しなければいけないと思う。

■自然史の一部としてのヒト学

川田　これまでもいろいろな機会に書いてきたことですが、人類は自然史の過程で生まれ、自然の一部でありながら、自然を対象にする意志をもつようになった唯一の生物ではないかと思うんです。宇宙の、自然のなかに生まれた小さな自意識というべきか。

自然史のなかでの位置づけという意味では、ヒト学と限定するより人類学の方がいいかもしれませんが、いずれにしても、人類やヒト全体を問題にすると同時に、ひとり対ひとりでも共感しあえる、顔の見える人類学、ヒト学であってほしいと思います。そして、いままでもくりかえし出てきましたが、自然史の一部、いわば博物学のなかでのヒト学という観点はどうしても必要だと思う。

フランスは、ご承知のように博物誌、自然史、イストワール・ナチュレルの伝統が強い。だからアントロポロジーといった場合に、昔のあそこの王立植物園の一角に比較解剖学のすごいホールがある。下等生物から壁沿いにずーっと標本が並んでいて、その果てに人間がちょこんと置かれている。ああ、われわれはこれなんだな、という妙な感慨がある。ホール中央に巨大な爬虫類の骨格《こっかく》標本。

尾本　あそこにはラマルクがいたんでしょう。

川田　そう。まさにそういう博物誌、自然史の伝統があって、それはアントロポロジーですよね。アントロポスというのは人という意味で、ギリシャ語では本当にただ、人というもの、この人、あの人というのもアントロポスなんです。だけど同時にアントロポスの学問ということで、日本語では人類学と訳した。だからアントロポロジーの訳としてのヒト学ですね。それは、尾本さんの言われたのとちょっとニュアンスが違う感じ。だからそういう自然史的な観点も含めたヒト学。日本語では、それを人類学と訳してしまったけれども。

尾本　人間学という言葉はいいんですが、使いたくないんですよ。文科系の人たちも、いろいろな人がみんな書いているし。だから総合人間学というのは一応授業のテーマとしてはやりましたが、あれも文科系の大学だからやったのであって。自然と文化とを両方入れるけれども、どちらかというと私は自然、要するに人間という自然現象

国立自然史博物館（パリ）

です。こういう考えが基盤にある。だからナチュラル・ヒストリーとおっしゃってもいい。とにかく自然現象としてのヒト。そこから出発して、文化や哲学や宗教やいろいろなことを考えるんですよ。出発点が哲学だとか、文科系のある概念から出発して生物も扱うというのではない。逆方向。まず生き物からスタートする。

川田　だから学問の名称としてはヒト学ですが、そのなかで、ではヒトという言葉で何を指すかということになると、それぞれ少しニュアンスが違ってくる。けれどもこれは「求めて」ですからね。もう出来上がったものではないんですから。これから、みんな手探りで一生懸命やっていく。現代以後の世界との積極的なかかわりのなかで、それに対して発言をしながら、ヒト学のあり方を求めていく。

尾本　ナチュラル・ヒストリーから出発して、文化現象も考えると。そういう意味では、川田さんは昆虫少年でしたか。

川田　尾本さんや西田さんと同じように、僕も昆虫少年でしたね。小学校二年のとき、東京から当時まだ原っぱや小川があって虫がいっぱいいた市川のはずれに引越した。そこでトンボ採り、セミ取りに熱中した。その頃、加藤正世というセミの博士がいて、あの人の本が大好きで、何冊もくりかえし読みました。それからファーブルの子供向けの『科学物語』という本も愛読書で、それで僕は大きくなったらファーブルのような昆虫学者になろうと思っていた。

尾本　川田さんも、東大教養学部では理科でしたよね。
川田　そう、生物系の理科Ⅱ類。だから前半はムツゴロウ博士の畑正憲と一緒だった。
尾本　大貫さんは？
大貫　僕は虫には、関心がありませんでした。けれども森とか野原とか、どこでも町の外に行くと植物を見るのが好きですね。ところがペルーに行ったら、花の名前を聞くとほとんどだれも知らないんですよ。現地の人がかろうじて知っている場合もあります。お百姓さんが。それから虫、昆虫。ありとあらゆる昆虫がいるわけですよ。チョウは別にして、色鮮やかなやつがいるんです。だれも知らない。
尾本　農耕民なんですね。採集狩猟民だったら知っていますよ。
西田　アフリカもそうでしたね、虫のことはあまり知らない。
大貫　ペルーの北の方の人は農耕民ではあるんですけれども、先住民のインディオではないんです。

そこでペルーの人たちが博物館をつくれ、博物館をつくれというんですよ、あちらこちらで。◎「いいけど、何をやるの」「いや、ここに遺跡がある」と。みんな博物館といえば考古学博物館のことをいう。僕は自然史博物館をつくってくださいと言ったんですよね。とにかくナチュラル・ヒストリーで、まず植物、鉱物、動物、虫だとか鳥とか。集めればいくらでも集まりますよね。ところがそのリーダーシップは、だれも

◎ペルーでの博物館建設の顛末については、大貫良夫『アンデスの黄金』（中公新書、二〇〇〇年）を参照。

とれないでしょう。専門家もいないでしょう。けれども、日本のＯＤＡ◎をそういう方向に向ければいいと思う。いくらでもやることがあると思うんですが、ＯＤＡはそれをやらない。

川田　日本のＯＤＡは土木事業が好きですよね。僕もアフリカで随分見たけれども、日本政府が出したお金の大部分は請負った日本の企業に回収されるわけです。何も残さないわけではない。けれども悪いことに、日本のＯＤＡがお金はたくさん出す一方であまり感謝されないのは、現地の人たちとの接触が悪いからだと思います。

たとえば、フランス語圏でやる場合もフランス語のできる通訳などは連れて行かず、英語経由の二重通訳。それでその人たちが現地の人を集めてまず何というか。「おまえたち、まじめにやれ」と。要するに日本的なまじめを、うそをついてはいけないというのを売り物にする。土建屋さんは、それなりのパーフェクショニズムで与えられた仕事はやる。けれども、毎日暑いし、仕事はさっさと切り上げて、夕方宿舎に帰ってきてカラオケをしたり、日本のビデオや何かを見るなりして、それで請負った仕事はとにかくきちんとやって、一刻も早く日本に帰ろうという。結局その後帰ってしまうと、あとのメインテナンスはもうダメになってしまう。初めから土地の人を巻き込んで一緒にやるという姿勢がない。

それでこれだけお金を出したといっても、そのお金の大部分は土建屋さんが日本に

◎ＯＤＡ
Official Development Assistance. 政府開発援助。政府資金で行われる、発展途上国に対する無償援助（贈与）・技術援助・借款および国際開発機関への出資・資金供与をいう。日本の高度成長とともに量的な拡大をみせたが、真に有効な用途に用いられていない、最貧層に援助が行き渡らないといった批判が、おもにＮＧＯなどからなされてきている。

持って帰るわけですよ。

政府レベルでも、日本政府は何かというとまず「自助努力」ですね。日本の近代化、戦後の復興を、サクセス・ストーリー（成功談）として、日本式まじめ勤勉主義を相手にも要求する。

大貫　機材は全部日本で買ったものを持っていく。自動車なんか全部トヨタ、日産の車を買ってから持っていく。向こうでトラックが必要だったら日本のものを買ってあげるんですよ。援助に必要な物資の大半は、日本円で調達するわけです。

尾本　しかし、これはまた現地の高級官僚がみんな、リベートだの何だのをやりとりして。

川田　そういう土木事業は大規模なものじゃないと、政治的に効果がないわけです。草の根レベルの適正技術の導入とかいうのは華々しくないわけですよ。

大貫　けれどもそういう文化的な事業に使うお金なんて、これっぽっちでできるんですよね。大土木事業はたくさんお金を使うけれども、新聞ダネにならない。

尾本　日本の農学者か何かで、たとえばブータンに行って日本の農業を教えたので有名な人。◎たった一人でブータンに行って、畑をつくって技術指導にあたった。亡くなってしまったけれども、すごくブータンのために貢献した人がいますよね。そういうのがいいんですよ。ＯＤＡではないんですよ。草の根の協力なんですよ。

◎ブータンで日本の農業を教えた人　西岡京治《けいじ》氏（一九三三―九二）のこと。一九六四年、海外技術協力事業団（いまの国際協

大貫　いま石川県のほうで千枚田◎が荒れているといいますね。それを千枚田は大事だから維持しようといって、季節にはボランティアでいろいろなところから千枚田に来て田植えをしたりしている。そんな力があるんだ。

川田　僕も人類学の研究でアフリカに入って、はじめはまったく口頭伝承とか歴史伝承とかをやっていましたが、現地の人たちは、そのときの僕の感覚で見て悲惨だった。髄膜炎でもう死にそうな子供がいても、どうしようもない。それから僕が病院に運んだ、夕方まで元気だった若い母親が運ぶ途中で死んでしまって、乳呑児が取り残された。そういう経験のなかで、自分の基礎研究だけではなくて何かやりたいということで、昔のＯＴＣＡ〔海外技術協力事業団〕――いまのＪＩＣＡ〔国際協力機構〕と国際交流基金に分かれる前の、まだそういう文化的な事業の協力も含めていた機関。その後ＪＩＣＡは技術・経済一本やりになって、国際交流基金が文化だけになりましたが――の事業にも参加しました。

　僕が担当したのは、伝統的な技術を開発に役立てるための可能性を検討する基礎研究というプロジェクトでした。それで相手国政府の要請に応じて、僕を専門家として派遣してくれた。相手国のカウンターパートと協力して、二年半働いた。その技術協力のなかで、開発のあり方についての基本問題とか身体技法の問題に目を開かれ、その後日本に帰ってからも、「開発と文化」の問題に積極的にかかわって、国際開発学会

力機構）を通じて、農業指導の専門家としてブータンに発つ。費用や技術者を大量に投入することもなく、現地の農民の立場に立つ、手間暇をかけた技術指導にあたった。その成果は国際技術協力の最も成功した例として語られる。ブータン国王から最高の爵位を与えられ、葬儀は五千人もの人が弔問に訪れる国葬となった。木暮正夫『ブータンの朝日に夢をのせて』くもん出版、一九九六年などを参照。

◎千枚田
棚田。石川県には畝の美しさで知られる白米千枚田などがある。

でも「開発と文化」担当の理事として研究会をやってきました。でも僕はいわゆる開発人類学◎というのに反対で、人類学を開発にいかに役立てるかという、ああいう考え方は、人類学の立場からは逆向きだと思う。

尾本　観光人類学だってそうでしょう。観光にどう役立てばいいかみたいなね。

川田　むしろ逆で、人類学的な視点から開発はいかにあるべきか、あるべきでないかという根本的な問題を考えるのが、人類学の開発に対する貢献だと思うんです。

尾本　ただ、それをやると現地の人から嫌われる。

川田　それはもっと大所高所から「これは役に立つ」ということを土地の人にも言わなければだめです。これはやはり、人類学の基本的な姿勢として僕は守りたい。開発のために役に立つように、もっと簡単に、短期間で答えが出せるような調査をすべきだという立場があります。それから数量的な取り扱いをすべきだと。僕は反対で、人類学というのは根本的に定量的ではなくて定性的な科学であるし、それから対象としている人たちのメンタリティも定性的なんですね。それが僕は人類学の特徴だと思うので、いわゆる近代の功利主義、ベンサムの「最大多数の最大幸福◎」という考え方、多数決の原理もそうで、それがいわゆる先進国と低開発国を生む根本原因になったことを思うべきです。だから開発経済に合わせて、それにいかに役立つデータを提供するかということで、人類学の調査が簡便な数量化のほうに向かうというのは、僕は反対。

◎開発人類学
社会開発や開発援助プロジェクトの分野で、人類学者が専門知識と経験を用いて政策的に関与する試みで、主に欧米で始められた。

◎最大多数の最大幸福
イギリスの哲学者・法学者J・ベンサム（一七四八―一八三二）の功利主義の原理。快や苦はその強度や持続性や確実性や範囲によって客観的に計量され、人生の目的は"the greatest happiness of the greatest number"にあるとした。

大貫　それは僕もよくわかるんです。僕も心情的にそうなんですが、ただ、そうやってもどんどんブルドーザーのごとく押しつぶされてしまうでしょう。だから、それに対して何か一矢報いねばならんということがあると思うんです。

川田　だから岩波の『開発と文化』の全七巻というのはそれに対する僕なりの一つのプロテストで、あれは僕が言い出して編集しました。経済学の岩井克人さんとか、農業経済学の原洋之介さんとか、歴史学の山内昌之さんとかさまざまな分野の錚々たる方に編集委員に加わっていただいて出来上がったものですが、編集委員の皆さんの意向で、アイウエオ順にでなく、僕が編集者代表になっているわけです。大貫さんにも原稿を頼みましたけれども。

尾本　先ほどからアメリカというか、力の文明が表に出てきていることへの批判がありますね。それに対してたとえば日文研の川勝平太◎さんとか、それから山折哲雄◎先生なんかが、日本がやはり示せるものは力ではなくて美だと。やはり美の文明というもので一矢報いなければいけないと。僕は川勝さんの言っていることは納得できるのですけれど。

川田　それこそ、先ほど西田さんも指摘されたような点ですね。

◎**川勝平太**
一九四八―。歴史学者。比較経済史。『日本文明と近代西洋』（日本放送出版協会、一九九一年）や『文明の海洋史観』（中央公論社、一九九七年）で独自のアジア文明史観を構想。近年は『「美の文明」をつくる』（ちくま新書、二〇〇二年）などで「力の文明」に代わる日本の戦略を提言。

◎**山折哲雄**
一九三一―。宗教学者。国際日本文化研究センター前所長。『近代日本人の宗教意識』（岩波書店、一九九六年）『近代日本人の美意識』（岩波書店、二〇〇一年）ほか。

■討論の終わりに

川田　さて、議論のための時間も押し迫ってきました。今日は四人の討論が、思った以上に熱っぽく展開して、まだまだ終わりそうもありませんが、日も暮れましたので、いったん締めくくりたいと思います。

戦争や開発の問題から、生物種と文化の多様性の大切さ、日本的アニミズムや美意識の再評価等々、論点は多岐にわたりましたが、根本のところでは我々四人とも、自然史の一過程として人類の発生をとらえ、人類学を自然史研究の一部として位置づけるという立場、そのなかで現生人類である我々ヒトが、いま直面している世界大の問題を考えて行くのに、専門に細分化されたものでない、総合の学としてのヒト学が必要だという認識では、意気投合したのではないかと思います。

今日の討論について、とくに若い世代の人たちの意見や批判をききながら、現代以後の世界で、どのようなヒト学が必要なのかを一緒に考え、その結果を実践していく努力をしていきたいと考えます。

（二〇〇五年三月三十日　於・藤原書店会議室）

新しい始まりへ向けて

尾本惠市
西田利貞
大貫良夫
川田順造

ヒト学への道

尾本恵市

川田順造さんとは、東大でほぼ同期だった昭和三十四年（一九五九）ごろから、かれこれ五〇年近い付き合いである。当時、私がいた人類学教室と川田さんのいた文化人類学教室は、学部こそ理学部と教養学部と別であったが、大学院修士課程では生物系研究科で一緒に教育をうけた（本書二二頁）。もともと理科出身の川田さんは、自然人類学の鈴木尚先生の化石人類に関する演習や、山内清男先生の縄文土器の文様つくりの考古学実習などを楽しんでおられた。私も、世界のさまざまな民族や文化に興味があったので、民族学・文化人類学の講義・演習に楽しく参加したが、なかでも、岡正雄先生や泉靖一先生のアメリカ先史文化に関する演習はためになった。石田英一郎先生の演習では、「白馬は馬か？」というテーマをもらって戸惑った覚えがある。

外国へ留学したのも私と川田さんとほぼ同じころで、私は一九六一年からドイツ（ミュンヘンおよびフライブルク）、川田さんはフランス（パリ）に留学した。外国の大学で博士号をとったのも二人に共通している（川田さんはパリ第五大学、私はミュンヘン大学）。大学紛争の直前、昭和四十三年（一九六八）に岡正雄、鈴木尚の両先生のもとで国際人類民族科学会議（ＩＣＡＥＳ）第八回大会が東京で開催された。そこでは、川田さんが得意のフランス語を駆使して活躍されていたことを思い出す。

かつて、大学院で机を並べた文化人類学者には、川田さんのほかに原ひろ子さんもおられ、その後ずっと親しく交流させていただいている。もし、上述の東大大学院の制度が存続したら、自然人類学と文化人類学とが現在のように疎遠な関係にならなかったのではなかろうか。たしか昭和四十年（一九六五）に制度改革によって生物系研究科は理学系研究科に改組され、文化人類学はこれとは別の社会系研究科に含まれるようになる。その後も、理学部と教養学部の間で人類学教育に関する相互協力体制は続けられたが、それも次第に形式だけになっていった。私は、本書でたびたび現在の人類学の体制に不満を表明しているが、その一つの理由は、自然人類学と文化人類学の乖離という現象である。

平成五年（一九九三）、私は先輩の埴原和郎先生が退職された後を受けて京都の国際日本文化研究センター（日文研）に勤めることになった（五九頁）。初代所長の梅原猛先生は、大学の講座制に代表されるわが国の専門研究に対抗するために学際研究の中心として日文研を設立された。先生は、日文研の理念として研究の「国際性」「学際性」「総合性」をあげ、スタッフは半数を人文科学、残りを自然科学と社会科学から、また東大、京大、「その他の大学」の出身者をバランスよく採用するといわれた。私は、この理念に大賛成で、東京を離れてわずか五、六年間でも、美しい古都に住めることが嬉しかった。

私ごとだが、東大時代の最後の数年間、私はうつ病に悩まされた。当時担当した放送大学「生命科学」の講義のビデオを最近見たが、仮面顔で声の張りがなく、われながらひどい状態だったと思う。先輩・同僚を始め学生諸君にも心配をかけたが、医師の処方する薬によって運よく東大を定年退官するころには回復した。京都に行って、日文研の教官会議で、「当時は吉川英治の『三国志』ばかり読んでいました」と話したことがある。しばらくして、ある週刊誌に同僚の井波律子教授が書かれたコラムを偶然目にしたところ、『三国志』を読むとうつ病がなおる」とあるので笑ってしまった。

病気が治った反動か、日文研では自分でも不思議なほど活力が出たように思う。そこで、私なりの学際的総合研究の考え方、つまり、さまざまな楽器をもつすぐれた専門家によるオーケストラ（五九頁）のイメージで、自然科学から人文・社会科学まで多様な専門の研究者を招いて研究会を開いた。キーワードは「日本人および日本文化」、「日本文化としての将棋」、「二十世紀の生命科学と生命観」など多岐にわたった。また、この間、東京で萱野茂参議院議員の「アイヌ文化講座」(1)に参加し、また、京都の南にある京阪奈《けいはんな》学園都市にできた財団法人・国際高等研究所の客員として「人類の自己家畜化現象」に関する研究プロジェクトを主催したことはその後の研究への転機となった（一六六頁）。

自己家畜化（セルフ・ドメスティケーション）とは、一九三〇年代にドイツの人類学者が考えた一種の人類進化論である。人類の顔面をサルと比べると、あごや歯など咀嚼器官の縮退が特徴的である。これは、一般に家畜のもつ特徴であることは、たとえば、イノシシ（野生動物）とブタ（家畜）を比較すれば明らかである。この他にも、体毛が少ないことなど、ヒトが野生動物より家畜に似ている点は多い。これは、人類が文化によって自然を支配・改変し、その改変された自然の中で進化してきたためではないか。つまり、人類は知らず知らずのうちに、自らを家畜と似た動物に変化させてきた、というのである。

いうまでもなく、このような単純な人類進化論は現代進化学では問題にされない。しかし、一つのメタファーと考えれば、自己家畜化という概念は現代人および現代社会を相対化する切り口になるのではないかと考え、国際高等研での研究プロジェクトを計画した。真っ先に川田さんに話を持ちかけ、賛同していただいた。私のナイーヴな直感的思考と川田さんの文献を駆使しての理論的な思索とがうまくマッチして、自然人類学と文化人類学の両面からする現代的な自己家畜化論が展開できたと思う。(2)

学際研究に関しては今ひとつ大事な思い出がある。一九九六年三月にたまたまハーヴァード大学を訪問し、分子遺伝学、自然人類学、先史考古学の専門家と学際研究について話し合った。そのとき、高名な考古学者・人類学者の張光直（K・C・チャン）先生にお目にかかる機会ができた。先生は病のため話すことも不自由なお体であったが、私のためにわざわざ時間を割いてくださり、お別れする際に一冊の著書を下さった。(3) それは、先生が一九八〇年代に出された名著（原文は英語）の和訳であった。帰りの飛行機の中で、夢中で読んだその本は、美術・神話・祭祀というそれぞれが専門研究の対象となる事象を扱いながら、文化人類学の立場から古代中国社会にアプローチするという、まさに私の理想とする学際研究の鑑《かがみ》のような本であることを知った。序文の中に、次のように書かれているのを見つけたときは、「わが意をえたり」の思いであった。

「学問の専門分野というものが我々の主人となってはならず、それは我々の僕《しもべ》でなければならない」。

東大で分子人類学という専門研究をしていた頃の私の関心は、それまで顔かたちなどの外観的形態に頼っていた人種分類に代えて、遺伝子のデータによる民族集団間の遺伝的近縁性を明らかにすることであった（五八頁）。私の動機をさかのぼれば、学生時代に読んだアイックシュテットというドイツ人が書いた人種学の教科書に行き着く。彼は、世界の集団を二九もの「人種」（ヒトの亜種や変種）に分類したが、用いた形質は皮膚色や身長、頭形、鼻形、毛髪形など少数の外観的特徴に限られていた。アイヌについて書かれた章を見て驚いたことに、ロシアの文豪トルストイの顔写真をのせて、アイヌは古いヨーロッパ系の人種だと書いている。このとき、私は、いつか自分で遺伝子データを用いてアイヌの真の系統を明らかにしたいとの夢を抱いたのである。

この夢は、一九七二年にかなえられることになる。私は、当時利用可能だった遺伝子のデータを用いて「アイヌ白人説」を否定する初の成果を国際誌に発表することができた。それによれば、アイヌは遺伝子的に本土日本人や他の東アジア人に近く、この地域の先住民であることが示唆された。ついで、一九七五年からは、フィリピンの謎の民族とされていたネグリトの集団遺伝学的調査を約一〇年にわたり実施した。ネグリトとは、「小さな黒人」を意味するスペイン語に由来する。非常に小柄で、肌の色が黒く、頭髪が短く縮れていることから、かつて熱帯地方に分布していた「ピグミー人種」の名残ではないかと考えられていた（九八頁）。

われわれは、遺伝子のデータを初めて用い、フィリピン各地に散在するネグリト集団が世界の諸民族集団といかなる近縁関係にあるかを調べた。その結果、ピグミー人種などというものは存在せず、ネグリトは数万年前に存在したスンダランド（現在のインドネシアの島々は当時アジア大陸の一部であった）の先住民と考えるべき人たちであることが判明した。そして、著しい低身長という、中央アフリカのピグミー族との共通の特徴は、熱帯降雨林の環境に対する適応の結果もたらされた並行現象であると推論された。

このように、私のアイヌとネグリトに関する研究は、形態に頼っていた従来の人種分類を否定したただけでなく、人種という生物学的概念そのものが破綻していることを示す結果になった。自然人類学は、過去の人種分類の誤りについては率直に反省せねばならないと思う。しかし、だからといって、ヒトの地理的多様性の研究自体が無意味になったというわけではない（一三九―一四一頁）。

なぜ、皮膚の色にこれだけの地理的多様性があるのか、さまざまな民族集団の間での身長や体型の差は何を意味するのか。これらの問題を解明することは、ヒトという存在の理解にとって重要な点であって、集団の差別、つまり人種主義《レイシズム》を目的とするものではない。今日の遺伝学の示すところでは、ヒトのもつ数万個の遺伝子の大部分は地球上のすべての個人に共通である。しかし、血液型のように、一部の遺伝子には個人差（遺伝的多型）があり、それらの多型遺伝子のさらに一部が地理的多様性（集団によって特定の型の出現頻度に差がある）を示すことが判明している。

では、ヒトの地理的多様性に関して、遺伝学者と人類学者とで全く同じ研究をすればよいのであろうか。東大で専門研究をしていたときにはよく判らなかったが、今の私は、そうは思わない。最近、私は「日本人の起源論をめぐって」という論文(4)で、分子人類学の立場からアイヌの人々が日本列島の先住民であることを示した。従来、北海道におけるアイヌ民族の歴史は、アイヌ文化の存在を理由に擦文《さつもん》時代（八―十二世紀）にしかさかのぼれないといわれてきた。しかし、埴原の二重構造説（三八頁）が提唱するアイヌ・縄文人同系説とわれわれの分子人類学の研究成果、さらにアイヌ語の起源の問題を考えれば、ヒトとしてのアイヌ民族が日本列島北部の先住民であることを疑う理由はない。一九九七年、萱野茂氏らの努力が実って、悪名高かった明治三十二年制定の「北海道旧土人保護法」が廃止され「アイヌ新法」が制定されたが、アイヌの人々の期待に反して、アイヌが日本の先住民族であることはついに法文化されなかった。人類学の立場からすれば、先住民族は単なる少数民族ではないが、いままで人類学ではその点があまり論議の対象とされてこなかった。人類学者は、国連を中心とする世界の先住民族の連帯的活動などにもっと注目すべきであると思う。私がヒト学について「DNAから人権まで」(二〇九頁)というとき、私自身の研究史が背景にある。

本書の副題は、「21世紀ヒト学の課題」である。ヒト学という表現は、最近になって比較的よく見かけるようになった。しかし、本書の四名の参加者の発言に見られるように、その内容は必ずしも一定ではなく、この用語が定着しているとは言いがたい。基本的な合意としては、人類学と異なるものとしてのヒト学の対象が現代人であること、しかも、ホモ・サピエンスという動物種の自然科学的理解を前提として文化・社会現象を考えるというスタンスがある。

私は、一九九九年に桃山学院大学に移ってから、「総合人間学」という通学部的なインテグレーション科目を立ち上げ、その一部として文科系の学生向けに「ヒト学入門」という講義を行った(二〇九頁)。しかし、二〇〇五年から、総合研究大学院大学・葉山高等研究センターに勤めるようになり、そこでは主に遺伝学者や進化学者と共に、「ヒトの特異性」とその起源に焦点をあてたヒト学を標榜している。

今まで、人類学はヒトと他の動物との連続性や共通性に注目してきたが、ゲノム科学の進歩を目の当たりにする今日、ヒトのユニークさに注目すべき時期が来たと私は感ずる。

私自身、まだ試行錯誤の段階にあると認めざるをえないが、ヒト学という用語が意図する内容が学問的に大いに発展することを期待している。また、それに伴って、従来は虚学の代表選手のようにみなされていた人類学者が、現代文明のさまざまな問題に直面しているヒトについての一種の説明責任を果たすことが求められる時代がくるのではないかと考えている。

注

（1）萱野茂『アイヌ語が国会に響く』草風館、一九九七年。
（2）尾本惠市編『人類の自己家畜化と現代』人文書院、二〇〇二年。
（3）張光直『古代中国社会――美術・神話・祭祀』伊藤清司ほか訳、東方書店、一九九四年。
（4）『現代の理論』第七号、二〇〇六年、二四―三八頁。

生物人類学者の義務

西田利貞

生物人類学者の発言が、少なくとも日本では、社会に大きな影響を与えることはなかった。たしかに、「サル学」や「日本人の起源」は、マスコミが好んで取りあげる話題ではあったが、この学問が日本の思想に影響を与えたとは思えない。その理由の一つには、人類進化を扱うこの学問が欧米においてかつては社会ダーウィニズムと結びついたという歴史をもつことから、生物人類学者が慎重になったということと無関係ではあるまい。しかし、それがいちばん大きな理由だったであろうか？

実際には発言の場はあったのだが、誰も発言しなかったというのが実態であった。たとえば、ソ連の崩壊は、生物人類学が明らかにしてきた「人間性」の概念から考えれば、当然予測できることであった。しかし、いまだに多くの人々は、この教訓、つまり、「ヒトは教育によってどのようにも変えられる」という考えが誤りであることに気づいていない。あいかわらず、狼少年に関する本は、本屋にズラリと並べてある。「このように育てれば、このように子供を成長させることができる」といった本もゴマンとある。子供を思ったように育てることができれば、誰も苦労はない。そういう類の本は、意図はどうであれ、根拠がないか、少数事例からの推測のいずれかによるものと断じてよい。

さて、不思議でならないのは、経済成長何パーセントという数字である。すでに、日本の生活水準はきわめて高く、もうこれ以上物質的な向上は必要ない。しかし、どこでも「持続的発展」などというできもしないことを標語にしている。文明病を持ち出すまでもなく、快適さの追求はもう度をすぎている。ウオッシュレットなど不要のシロモノが今では都市のかなりの家庭にまで普及してしまった。家屋の中で自転車もどきを漕いで運動するなどは、最初は驚きの目でもって見られたはずである。私は今も違和感を禁じえないし、後世の者は（もし、現代文明崩壊の何千年か後に、新たな文明が生まれたならば、という可能性の低い話だが）文明の退廃の例として挙げることだろう。私はローマ人が、ご馳走を食べては指をのどに入れて吐き出し、また新たなご馳走を食べたという話を思い出すのである。テレビのグルメ番組は、現代文明の退廃の極致である。肉はうまいが、これは輸入された飼料のおかげである。そして飼料生産は、世界の森林を破壊して農地や牧地に変えた結果であることをほとんどの日本人は知らないか、意識していない。グルメはクロマグロを絶滅寸前に追い込むまでになっており、アジ、サバなどの安かった魚も漁獲量の減少で、将来の見通しは暗い。

そして、「少子化問題」である。なぜ、これが問題なのか私にはまったくわからない。日本は苦労して人口を減らそうとしてきたのではなかったのか？　もし、これが、インドやアフリカのように毎年毎年人口が増加していき、止めようがないという場合と比べればよい。前者は絶望か戦争しかないが、人口減少はあまり問題がない。明治初期、日本の人口は三〇〇〇万人だったのである。それが、日本の国土が支えられる人口だったのだ。一億二〇〇〇万人以上の人口を支持できるのは、先端技術によって付加価値の高い商品を売り、低開発国から相対的に安価な食物や木材を輸入しているからである。低開発国はそのおかげで相対的に安い食料を、大量に生産し、輸出しなければならない。そのためには、将来のために残しておく必要のある森林さえ伐採しなければならない。つまり、日本の経済を成り立たせているのは地球環境の破壊である。どの古代文明も人口増大が周辺地域の環境破壊を引き起こすや、終焉を迎えた。現在の石油文明は、地球レベルでの森林破壊と土壌流出を促し、地球レベルでの文明崩壊をもたらすことは間違いない。そして、もうフロンティアはないのである。

外国貿易による日本の繁栄は、持続性がない。それゆえ、人口が減少するのは大歓迎すべきことであっても、悲しむべきことではない。新聞によれば、このままの出生率が続けば、二十一世紀末だったかには日本の人口は八〇〇万人に減少するなどと書いてあるが、まともな頭の持ち主が書くことだろうか？　八〇〇万人にまで減る前に、人口は上向きに転じるだろう。人口密度の低い所では、どこでも出生率は高いからである。そして、万が一八〇〇万人まで減ったとしても、結構なことではないか。一人当たりの所得は減るわけではないからである。「少子化」で困るのは、戦争をしたい人だけである。大国主義者が少子化で大騒ぎをする。少子化による人口減少を憂えているのは、いつまでも右肩上がりの経済を信奉している人である。「進歩」がなくては、気が済まない人々である。人口減少を憂える人々が最も心配しているのは、戦争で負けることである。しかし、人口の少ない国は必ず隣国に攻め滅ぼされるだろうか。スイスのように、適切な自衛手段をとれば、防げるだろう。隣国に負かされないように、人口増大政策を取れば隣国も人口増大政策を取り出すだろうし、これは軍拡競争と同じであり、また環境破壊を招く。大人口を養うため、絶えず、先端技術の開発にまい進しなければならず、それは低開発国を犠牲にし、熱帯の生物多様性を破壊する。

今の日本の人口を考えれば、当分の間、先端技術にも依存する必要はあろう。しかし、長期的には、他国に依存せずに食べられることが、健康、防衛、文化の増進・維持にとって最重要である。農業を、とくに土壌の保全を最重要視する政策に転換すべきだ。

さて、少子化現象のもう一つの課題は、高齢化社会、つまり若者に対して年寄りの多い社会であろう。少数の働き手が多数の労働しない高齢者を食べさせなければならないという問題である。しかし、これは一時的な課題であることが忘れられている。極端な世代アンバランスは、団塊の世代が死ぬまでの二〇—三〇年間のことである。これは解決のむずかしい問題ではない。つまり、年寄りに対するサービス（たとえば、市バス運賃無料や安価な老人医療費など）を廃止するとともに、年寄りも働かせばよいのである。

外国からの移民を奨励して、生産者人口を増加する必要があちこちで説かれているが、これはけっしておこなうべきではない。人口過剰の国からの移民は、移民輸出国の人口増大に歯止めをかける必要をなくし、環境破壊を促進する。それは、全世界的規模での環境破壊につながるのである。そして、ヨーロッパで見られるように、不況のとき、移民の排斥運動や暴力事件が起こり、日本社会から安全性が失われるだろう。日本人は比較的人種差別をしないなどと自慢する人がいるが、朝鮮人に対する暴行事件は、昭和の暗い時代に頻発したことであった。

さて、以上のような話は、「歴史の教訓」に学べば、繰り返されることがないはずだが、なぜ、歴史の教訓は学ばれないのだろうか？　その理由のひとつは、生物人類学の未熟さにあったのではなかろうか。「歴史の教訓」の科学的意義は、生物人類学によってこそ説明されるべきだった。

生物人類学は、「人間性」とは進化の産物であり、制度というものは人間性を無視しては長続きしないことを明確にすべきである。文明病は人類の歴史の中で長かった狩猟採集生活時代に進化した人間の身体の特徴に由来することは、生物人類学が明らかにし、今は多くの学者に支持されている見解である。戦争は、資源をめぐる争いだから、人口密度に比例して起こりやすくなるのは、当然である。現在、最重要な課題は、国際交流の波の中で、日本だけが特定の政策をとって鎖国することができないことである。日本がこうすれば他の国はどうするか、ということを考えないと目指した目的は達成できない。それゆえ、国際ＮＧＯやＮＰＯといった団体を通じて国際的に通じる正しい政策を浸透させなければならない。

今、もっとも必要なことは、将来の世代を犠牲にして、現在の世代が甘い汁を吸ってはならないということである。この状況は、市場経済による競争が作りだすものであり、市場経済万能の政策にしがみつく限り、変わることはなかろう。しかし、まず、市場経済下での所得税から環境税への課税シフトが必要であろう。

人間の精神は、狩猟採集社会時代に形成され、私たちのもつ幸福感の基礎は、身体のつくりとともに、その時代に形成されたのである。この真実を核として、生物人類学者は、変化していく社会に提言していく義務がある。

総合の学としての先史人類学と文化人類学

大貫良夫

人文科学の既存の専門分野では扱わない人間の歴史があると思ったのが五〇年ほど前のことであった。東洋史に興味があって東京大学の文科Ⅱ類に入り、文学部に進学するつもりでいたのだが、元来、人文地理学的な関心も強く、いろいろな折に世界地図を漫然と眺める癖があって、そのうちに従来の東洋史や世界史でほとんど紹介されない地域が広大にあることを不審に思うようになった。シベリア、中南米、内陸アジアや東南アジア、オセアニア、サハラ以南のアフリカ、そういった地域の人間の歴史とはどのようなものなのか。市販の歴史地図帳を見ると、東南アジアにはそれまで聞いたことのない名前の王国がいくつもある。日本語の一般書では中央アジアの歴史の本はあったが、そのほかは皆無であった。東洋史に進んでこの関心は生かせるのか。

大学二年の夏前（一九五七年）のこと、本郷の古本屋で石田英一郎著『文化人類学ノート』という文庫版の本（河出書房、一九五五年刊行）を手にとって、少し読むうちに、これこそわが興味の向かうところではないかと思った。しかも著者は同じ大学の先生であり、文化人類学の専門コースが毎日通っている駒場にあることを知って驚いた。一般教育で授業もやっていたのであろうが、まったく知らずにいた。ガイダンスがあるという日は生憎《あいにく》と山登りの合宿と重なっていたので、同級の誰かに頼んで聞いてもらった。その友人は、文化人類学は君向きだぞ、首から上は弱くても下の強い奴がいいと言っていたよと伝えてくれた。そこで進学の希望を東洋史から文化人類学に変更することにした。山岳部にいて授業をよくサボったものだが、幸い成績点は良くて、教養学科文化人類学分科に進むことができた。

この学科は開設されてまだ四年目、初年に四人、二、三年目は一人ずつしか進学する学生がおらず、四年目はもう誰も来ないのではないかと先生方は不安になっていたという。そこへ四人が進学したのだから教室のスタッフは大喜びであった。二年上にいたのが川田順造さんで、同期の四人とは友枝啓泰、長島信弘、石井章そして私である。そしてこの四人とも大学院に進んだ。就職は保証できないと石田先生から言われたが、あの頃は先のことなど考えられる年頃でもなかった。

参考になる日本語の本など皆無の状況であったから、進学して読む本は英語であった。クローバーの『人類学』やハースコヴィッツの『文化人類学』など分厚い本から読み始めた。石田先生を頭に据えた文化人類学は総合人類学であり、必修科目に自然人類学、先史学、言語学が入っていた。須田昭義先生や鈴木尚先生の授業や講演を聞いたものであった。江上波夫先生の先史学と当時話題になっていた騎馬民族説の講義には興奮した。

人間の営みの総体としての文化、形質と文化の関連体としての人間、猿人にまでさかのぼる歴史としての人類史、こうした壮大な概念はじつに魅力的であった。そして西欧文明の外にあったさまざまな人間社会とその文化のあり方は、西洋文明の相対化、近代文明への批判として、若い血を沸かせる新鮮な驚異であった。ただ私は歴史への関心が強く、やがて先史学を専門にすることとなり、折から始まったアンデス先史学に入っていった。生きている社会のフィールドワークから人間と文化を考察するということに文化人類学研究者の多数がかかわってきたことからすると、やや主流からはずれた方向を歩いてきたことになる。

さて、この五〇年の間に文化人類学はどうなってきたのか。その概観は私の力の及ばぬところであり、誰かにしてもらいたいと思っている。ここでは思いつくことを若干述べてみたい。

その第一は考察の対象としていた文化の概念について、見解が一致せず、かつ「全体としての文化」という考え方に疑問が持たれ、ほとんどその意義が失われたことである。概念と同時に全体に迫る方法論も混乱に陥った。文化人類学は何を明らかにしようとしているのか、外に向かって明確に言える研究の目的とその意義そして方法論に混乱が生じた。

また、文化の相対性ということを絶対視するような状況が、各文化をそれ自身で独立した完結体とみなす傾向を助長し、そこへ認識の客観性を問題視する傾向が加わって、対象の文化を越える普遍への関心や諸文化にまたがる法則性の追求などは否定されるに至った。文化人類学は個別の文化を個別性の中で分析し、その結果を普遍化することはできないという立場をとった。

一方で、近代社会のなかでの人文科学や社会科学は、欧米と日本に普遍的なものを追及し、普遍性を前提にした研究や理論を積み重ねてきた。それらと個別を重視する文化人類学とはほとんど成果を共有することなく、いわば川の両岸を言葉も交わさずに歩くという状態であった。

そして文化人類学のフィールドであった地域に近代化が進展した。近代化してゆくにつれて、その地域の社会や文化は先進的近代社会と同じものとみなされて、調査、分析、理解、啓蒙の分野に、経済学、政治学、社会学、心理学、歴史学、文学などが乗り出してきた。さらにそこへ合理的自然科学を基礎にした工学、農学、医学その他の専門化が加わってきた。文化人類学はその勢いに乗ずることはなく、むしろ批判的であり、普遍性を前提とした文化理解に異を唱えることはしても、積極的な政策提言はしなかった。文化人類学者の独壇場であったフィールドには人類学者以外の人たちが多くなり、しかも歓迎されるという状況が現出した。

都市のスラムに住み込んで調査しているのは経済学者であり、民族紛争の現場に出かけるのは国際政治学者になった。文化人類学の母体となったのは民族学であった。その民族学者が民族問題についてなすすべがないということになれば、文化人類学は役に立たないという評価が下される。フェイス・トゥ・フェイスの関係の中で情報を収集しそのような小さな社会を把握する方法論では、近代化した国家社会は把握できないと言われる。はたしてそう言い切れるものか、文化人類学は成果を出さねばならない。

カラハリ砂漠の住民、アマゾン川流域のジャングルの住民、中国奥地の少数民族など、その祭りとか儀礼、生業、社会慣習などの情報はかつては文化人類学者の独占物だった。ところがいまやテレビ番組が視覚に訴える情報を提供する。そこの住民や歴史について何も知らない人気芸能人が、ほんの短時日滞在してさもわかっているような解説をしたり、人間どこでもみんな同じといった感想を述べたりする。昔のフィールド入りの苦労など語るも空しいと感じる人類学者が多いのではないか。テレビの方が人類学者が書いた記録いわゆるモノグラフよりもはるかにわかりやすい。そして番組の解説は専門の学者の見解と相容れなくても解説の方が真実であると一般には受けとめられてしまう。異文化の都合のよい切り取り紹介や皮相的な解説でよしとし、それ以上の面倒くさい議論は慇懃無礼に遠ざける。この風潮は情報化時代の勢いで世界中に広まっていく。対象とされた文化もその風潮を自己宣伝に使うこともあり得る。

このまま行くと、文化人類学は、むかしむかしある所のある人たちはこんな暮らしをしていましたという情報の管理者でしかなくなるのではないか。しかしそうした管理者は必要であり重要である。歴史文書の管理者や博物館資料の管理者と同様である。日本民俗学もそうした役割を担っている。これまでに発表された民族誌の著作を読むには文化人類学の基本的知識が必要で、その読み方は世代を超えて継承されなければならない。歴史学では史料批判のノウハウを初心者に教えるであろう。もし文化人類学が将来なくなったとしても、文献の読み方を教える人材は必要である。つまり、文化人類学は民族誌という歴史資料の管理者になるのであろうか。

情報と経済システムのグローバリゼーションが進行し、英語が国際語として幅を利かせ、世界はすべての土地と人間がいずれかの国家に帰属して、国家が民族や地域住民よりも優位に立つという現代、観光客が世界の果てまで出かけるようになり、かつての「人食い人種」が観光客を歓迎し、誤解されて恐怖の対象となった昔のしぐさや格好が観光客を喜ばせるという現代、ここにおいて文化人類学は何をしようとしているのか。またその意義は何なのか。私はいつもここで立ち尽くしてしまう。この先は文化人類学の先端を行く研究者に説明をしてもらわねばならない。

自然人類学のほうではどうなっているのか、私は何も知らない。ただ面白いことに先史学と人類進化学は健在である。自然科学の応用や年代測定法の進歩によって、過去の人類の活動についてこれまで以上にさまざまなことがわかるようになり、かつて文化の進化主義の下で未開野蛮の段階に押し込められていた時代の文化が豊かさを取り戻しつつある。そして現代社会から高い評価を受けている。世界遺産の認定などということがあってますます先史学者や考古学者の鼻が高くなる。どうしてなのか。

両者とも、地下に埋もれている具体的な化石や遺物、遺跡というデータに基づく極めて実証的な研究である。データの蓄積によってますます歴史が詳しくわかってくるという特徴がある。したがって新たなデータを学問的手続きを踏んだ上で提示するだけでも学術的寄与となりうる。データの捏造は厳禁である。理科系の実験のように追実験ができるという場合は非常に少ないから。こうして両者とも、合理科学・実証科学と共通する部分が大変に大きい。そこに研究が絶えず前進する理由があり、それが専門家のみならず一般の人にも内容と意義が理解しやすい理由であろう。先史学と進化人類学とは大きな人類史に立ち向かう研究であり、両者を合わせて先史人類学というのがふさわしい。考古学とはこの先史人類学の採るひとつの方法論である。

　先史時代の大部分は文字のない文化の時代である。そうした時代の文化すなわち人間の営みの総体に近づくには、気候条件、自然資源、その利用技術などを知らねばならず、さらに社会や世界観の存在を考慮しなければならない。いわば先史人類学の研究には昔の教養の基本にあった博物学（ナチュラル・ヒストリー）が必要で、さらにこれまでに豊富に蓄積された民族誌の知識も不可欠である。先史人類学はまさに総合的な人類学あるいはヒト学とならざるをえない。

　これは結構なことであるけれども、文化人類学としては先史人類学だけでは困る。文化人類学という名前のついた研究組織や領域の問題ではなく、文化を全体として把握しようとする立場は必要だと思うからである。ただし、日本の文化を全体としてこうだというような決めつけ方はまったく別のことである。

　それぞれの社会の文化は全体としては捕まえられず定義もできないものであろう。だが、文化はある。おそらく絶えず変化の契機にさらされて、変わるところもあるが、かなりしぶとく長い間不変のまま持続もするらしい。同じ理念でできた議会制民主主義の政治体制でも、国によって政治の動きがまちまちであるのは、政治に対する考え方、制度や法の作り方や運営の仕方に関する考え方が異なるからである。いわばその国の、あるいはその集団の「政治文化」がちがうのである。経済も同様で、会社の論理と制度は資本主義国ならどこでも同じであるはずなのだが、いざ運営になるとお国柄が出る。このお国柄が文化というものであろう。文化は直接的に正面切って捕まえられるというものではない。また、文化全体が目に見える形で現れるわけでもない。さまざまな局面でさまざまな人や組織の行動の端々に姿を見せる。垣間見るしかないのである。かつて言葉による体系的な論理説明を持たないけれども複雑な儀礼を執り行う社会で、その儀礼をそれ以外の言動とも絡めて分析し、儀礼の意味を解読するという成果を文化人類学はたくさん挙げてきた。そのような努力と方法で、文化の作用をもっと明らかにすべきではないかと思う。一つの文化の全体を統一あるものとしてとらえることはできない。そもそも文化は統一体なのかも疑わしい。しかし文化はいろいろな行動や意思決定のところで重要な役割を果たしている、そういう一種の力でもある。

現代世界は変わっているようで先史時代とあまり変わっていないようにも思える。身体の外にエネルギー源を用意して機械を動かすことがよいものだとする技術は、その意味では大変な進歩を遂げた。しかし何とかと鋏《ハサミ》は使いようと言うことがある。その技術を何にどのように使うかを決めるのは何であろうか。それが文化というものではないのだろうか。この点は昔も今も、はるか昔の現生人類誕生の時から変わっていないと思う。経済と技術と、本音と建て前のちがう政治に翻弄されている現代にあって、文化・人間・集団・歴史・生物的と物理的環境などをあわせてその全体を見通すことで現代を見直す意義は極めて高いと考える。

新しい人文主義への想い

川田順造

一九三六年に生まれた「エイプ会」の、人類の総合学を創る志を、時代と学問の現時点で、自然史のなかのヒト学として再興しようという「新エイプ会」の構想が、私たちの四者討論の出発点だった。そして予期した通り、というより予期をはるかに上回って、私たち四人はムキになって議論をした。

考えてみると、故佐原真さんも交えた十年前の鼎談でも佐原さんが指摘していることだが、「エイプ会」の人たちは三、四十代だった。「それにたいして、われわれはみな六十代、この年の人間が『新エイプの会』といいだす根拠を……」という佐原さんの発言に対して、尾本さんは、「ぼくらは口火を切る役割で、あとは若い人たちがやってくれればいいのです」（本書四〇―四一頁）と答えている。だが、これは十年前の話だ。昨年四者討論をしたときには、前の鼎談に加わった尾本さんと私は七十を超えており、大貫さん六十八歳、西田さん六十四歳だった。その十年間、私たち、少なくとも尾本さんと私は、「新エイプ会」への意欲を燃やしつづけた。その一方で、十年前に尾本さんが期待した「若い人たち」には、それに対応するような総合の学としてのヒト学への動きはなかったようだ。これは何を意味しているのだろう。

四者討論でも何度か、無念の想いをこめて指摘されたように、四人が学問を志した頃のような、広い視野をもった人類学の教育が、その後の日本の大学制度からは消えている。だが単に、大学の教育制度だけの問題なのだろうか。思うにこれは、教育制度も含めた、日本、いや世界の趨勢にもかかわっているのではないか。社会全体の実学指向、すぐ役に立つ学問への傾斜が根底にあり、それがまた、テクノロジーの加速前進とあいまって、現在見るような地球規模でのヒトの危機状況を、地滑りのように生みだしたのではなかったのか。総合の学としての人類学、自然史の一部としてのヒトの位置づけといった、迂遠な虚学に想いを馳せるゆとりが、ヒトから消えてしまったのではないか。

いま我々四人が勝手に熱弁を振るい、あとを次の世代に託したつもりでいても、十年前からいままで若い世代に強い共感も反発もなかったように、これからも無反応のまま、私たちの感じているヒトの危機は進行し続けるほかないのではないのか。あるいは、ヒトの感受性自体が変わって、危機とすら感じない状態で、グローバル化、情報化、紛争、暴力、殺人、地球破壊が進むなかで、それなりのヒトの生き方を享楽する時代になるのであろうか。

私たち四人、といって言い過ぎなら、少なくとも私が人類学を志した頃には、既成の価値観が信じられなかった。神がかり軍国主義の国民学校一年生から出発して、敗戦直後に、教室でこの間まで鬼畜米英撃滅を教えていた先生の指示に従って、教科書の一部に墨を塗るという素晴らしい道徳教育があり、学校で教わることが時の権力の都合でいかに変わるかを学んだ。一億総懺悔の数年後には朝鮮戦争で、日本を武装解除したマッカーサーの指令で、警察予備隊、後の自衛隊創設という再軍備開始と、朝鮮特需による好景気、つまりアジアの隣国に派兵するアメリカの後方支援で金儲けをするという、奇妙に倫理観の欠如した経済的繁栄のなかで、極度に政治化した大学での反体制運動が盛り上がった。そのただなかで、幻想にせよ学生の理想主義を支えていた、ソ連主導の社会主義内部でのスターリン批判と、それにもかかわらずなされたソ連によるハンガリー弾圧、日本共産党の六全協における自己批判へとつづく、進歩主義の分裂。やがて安保闘争の熱狂と挫折、泥沼化するベトナム戦争での、朝鮮戦争時を上回る特需景気、学生の異議申し立て……。

価値観の迷走するなかで、ちっぽけな個人の主観や、自分の属する社会の規範を超えた、人類の古典を、自分に納得のいくやり方で探求してみたいと思った。思い切り遠くまで、地理的にも、価値観の上でも、慣れ親しんだものからできるだけ離れたところへ行って、自分の身についた文化の約束事が全部壊される体験がしてみたいと思った。

価値意識の混濁するなかで救いを求めるように、東京大学の教養学科に新設されて二年目の、文化人類学および人文地理学分科に、はじめ生物学をやろうと思って入った理科Ⅱ類から進学した。

文化人類学の志望学生は私一人だった。主任教授の石田英一郎先生の構想で、アメリカのアルフレッド・クローバー流の総合人類学、文化人類学概論から始まって、自然人類学、生体計測や骨の観察実習、先史学、考古学発掘実習、山内清男先生の名物だった、こよりを縄のように編んで粘土の上を転がしてさまざまな縄文の型を作る考古学実習、世界民族誌、社会構造論、社会調査実習、言語学等々、本郷の理学部人類学教室での授業や、尾本さんはじめ理学部人類学の同年や先輩の人たちとの接触も多い学生生活が始まった。

このときの文化人類学課程の特徴は、主任の石田先生の理想とする総合人類学の教育を、日本人の既成の文化人類学者は一人もいない、日本語の教科書もない状態で、実施したことだろう。何しろ石田先生は、戦前のマルクス主義運動の活動家で、京都大学経済学部在学中逮捕され、足掛け七年非転向のまま拘置所で読書に耽ったあと、ウィーン大学のウィルヘルム・シュミットのもとで比較民族学を学び、戦争末期には中国張家口の西北研究所次長、戦後東京大学東洋文化研究所教授に就任、矢内原忠雄東京大学総長に請われて、教養学科に文化人類学課程を新設することになり、アメリカでクローバーなどに接して総合人類学の教育の必要を痛感して帰国されたばかりだった。

副主任の泉靖一先生は、京城大学宗教社会学の秋葉隆のもとで学び、山岳部で学生時代から大興安嶺のオロチョン調査、学部の卒論は現地調査に基づく済州島のモノグラフという、徹底したフィールド・ワーカー。他の専任教官は自然人類学のゴードン・ボールズ先生、先史考古学の曾野寿彦先生、助手は自然人類学の寺田和夫先生。それ以外で授業を担当されたのは、先史考古学の八幡一郎先生、江上波夫先生、言語学は前田護郎先生と三根谷徹先生、生体計測は須田昭義先生と助手の寺田先生、世界民族誌や社会構造論は、フルブライト基金でアメリカから教えに来ておられた、これは文化人類学者である、ゴードン・ヒューズ先生やジョン・ペルゼル先生だった。大学院では、東京大学の社会学出身で、ウィーンで比較民族学を学ばれた岡正雄先生の講義を聴いているから、私が二歳のときエイプ会を結成した人たちの何人かに、学生時代私も直接教えを受けたことになる。

つまり私は、「一代雑種の純粋培養」とでもいうべき、あるいはエイプ会の十五年後の落とし子とでもいうべき、奇妙な教育体制のなかで、消化不良をおこしそうなメニューから、自分なりの「総合人類学」を胃に詰め込んだとでもいえばよいか。

それだけではない。この総合人類学の教育課程が置かれた教養学科は、ヨーロッパでローマ時代末期から中世にかけての自由民のための、文法学、修辞学、弁証法（論理学）、算術、幾何学、天文学、音楽の自由科教育の伝統、その精神を受け継いだルネサンスの人文主義、ユマニスムの志を、戦後の日本の大学に移植しようという構想の下に、当時教養学部長だった矢内原先生とフランス思想研究の前田陽一先生が中心になって、一九五一年、つまり文化人類学分科ができて私が進学する五年前に、創設されたものだ。

米、英、仏、独の地域分科に、それらを横断する分科として、国際関係論、科学史および科学哲学、文化人類学および人文地理学の三分科がつくられた。必修も含めて、文化人類学以外の科目も自由に聴講できたから、私は自分の関心のおもむくままに、フランス科のフランソワーズ・ブロック先生のラシーヌ講読、マルク・メクレアン先生のボードレール、ついでラ・フォンテーヌ講読、ガストン・ジャンムージャン先生のフランス史とフランス地誌、平井啓之先生のヴァレリー講読、イギリス科の小津次郎先生のイギリス演劇論、アンソニー・スウェイト先生のイギリス叙情詩講読などの単位を取り、そのほか先生の許可を得てのもぐりで、大学院の渡辺一夫先生のラブレー講読、竹山道雄先生のシュナーベル講読にも出た。その合間に歌舞伎や文楽に通って『演劇界』などにも投稿し、小平町誌のための調査に通い、自分なりの民俗芸能の採集や民俗調査に出掛け、フランス語の家庭教師のアルバイトも週四、五回やっていたから、若くて疲れを知らなかった私は、教養学科という花園の内外を夢中で飛び回って、蜜を吸っていたのであろう。フランス科やイギリス科の授業に多く出たことは、あとでヨーロッパの人類学的研究をする上の養分になったと思うが、そのときはただ好きで授業に出ていたのだ。

ヨーロッパでルネサンス以後、自由科や人文主義の伝統が、時代のなかでの生きた輝きを失って形式化する一方で、十七世紀の自然科学の興隆の時代には、実学重視の趨勢が強まったといわれる。明治以後の日本の、西洋に追いつけ追い越せの実学優先の伝統のなかで、敗戦後の教養課程重視の一時期東京大学に、何人かの高い知性のイニシアティヴが合体して花ひらいた、自由科、リベラル・アーツの教養学科と、そのなかで育った総合人類学という大輪の虚学も、産官学協同が明るく叫ばれ、大学の社会貢献が最優先される時代の趨勢のなかで、過去のものになったのであろうか。すぐ役に立たないことによって、逆に世界を見通す、ヒトとしての見識を磨く現代の人文主義の役割を、最広義の人類学以外のどんな学問が、これからも果たせるだろうか。

編者あとがき

本つくりを終えて、これは終わりではなく、始まりだと思った。

まる一日をかけての熱論から一年間、四人はいろいろな形で連絡を取りあいながら、テープ起こしされた原稿に手を加え、その過程でまた意見のやりとりをした。考えてみると、この一年間に私が直接会ったのは、去年十一月に日本人類学会の、斎藤成也さんのシンポジウムで尾本さんとだけだ。大貫さん、西田さんとは、電話で何度かお話ししただけだが、議論が私たちのなかでずっと続いていて、すぐ本題に入って論点を話し合えた。四人のなかで、議論は一年かけて練られてきたのだ。

これは、私にとっては希有の体験だ。みな国内外の出張が多く、私も討論のあとアフリカ、モンゴル、フランスへの海外出張のほか、国内の調査旅行も頻繁にあり、これ以外の本つくりも何冊か平行して進めていたのだが、この本での三人との議論ほど、いつも頭のなかで続いていたものはない。これが「新エイプ会」の始まりだとすれば、学会などという大袈裟な、組織悪を伴うものとしてでなく、ヒト学の開かれた議論の場が、ここから生まれることを期待していいのではないかと思った。

十年以上前になるが、人類学の自然と文化共通の議論の場を、香原志勢さん、芦澤玖美さん、内堀基光さん、森下はるみさん、青木健一さん、富田守さんなどの有志と語らってつくり、身体技法、共進化、インセスト・タブーなどの話題で研究会を、ここにお名前をあげた以外の人たちも口コミで参加して、何度かお茶の水女子大学で開いたことがある。「自然と文化の会」という仮の名はつけたが、組織化を敢えて避けたためもあって、まもなく自然消滅した。ただインセスト・タブーについては、その後日本人類学会で石田英実さんが主宰する進化人類学分科会の公開シンポジウムとして、青木さん、内堀さんを中心に、私が司会役で実施し、藤原書店で本にしてもらったこともある（川田順造編『近親性交とそのタブー』二〇〇一年）。

実はこの本つくりを終えたいまになって、「自然と文化の会」のことも思い出したのだが、「新エイプ会」の発想は、現在の日本の学問世界で孤立したものでは決してない。底流はあるのだから、それを大きな流れにしてゆく議論の場をこれからも作ってゆこうと、尾本さんとも電話で話したばかりだ。この本の刊行が、そうした新しいスタートへの号砲の役目を果たしてくれることを、本書を世に送り出そうとしているいま、願わずにいられない。

私たちの果てしない議論を、こういう形で世に問うことを可能にしてくれた藤原書店の藤原良雄社長に、あらためて感謝したい。私は藤原さんの新評論の編集長だった時代からのお付き合いだが、ご自分の理想を貫くべく藤原書店として独立してからも、藤原さんは高い見識をもって社会に問いかけてゆく出版人として、日本にとって貴重な存在だ。四人の討論が藤原良雄さんによって世に出ることを、私は誇りに思う。そして藤原社長の情熱を体して、錯綜した議論を整理し、注をつけ、適切なアドバイスで私たち四人の作業を導いてくれた編集担当の郷間雅俊さんの、熱意と努力にも、心からの感謝と敬意を捧げたい。

二〇〇六年四月二十五日

川田順造

編者紹介

川田順造（かわだ・じゅんぞう）

1934年生まれ。神奈川大学日本常民文化研究所客員研究員。東京外国語大学および広島市立大学名誉教授。文化人類学。著書に『人類学的認識論のために』（岩波書店、2004年）『母の声、川の匂い』（筑摩書房、2006年）ほか。

著者紹介

大貫良夫（おおぬき・よしお）

1937年生まれ。野外民族博物館リトルワールド館長。東京大学名誉教授。先史学・文化人類学。著書に『アンデスの黄金』（中公新書、2000年）『アンデス「夢の風景」』（中央公論新社、2000年）ほか。

尾本惠市（おもと・けいいち）

1933年生まれ。東京大学および国際日本文化研究センター名誉教授。総合研究大学院大学上級研究員。分子人類学。著書に『分子人類学と日本人の起源』（裳華房、1996年）『ヒトはいかにして生まれたか』（岩波書店、1998年）ほか。

佐原 真（さはら・まこと）

1932-2002年。元国立歴史民俗博物館館長。考古学。著書に『考古学千夜一夜』（小学館、1993年）『佐原真の仕事』（岩波書店、全6巻、2005年）ほか。

西田利貞（にしだ・としさだ）

1941年生まれ。日本モンキーセンター所長。京都大学名誉教授。霊長類学。著書に『人間性はどこから来たか』（京都大学学術出版会、1999年）『チンパンジーおもしろ観察記』（紀伊國屋書店、1994年）ほか。

ヒトの全体像《ぜんたいぞう》を求《もと》めて　21世紀《せいき》ヒト学《がく》の課題《かだい》

2006年5月30日　初版第1刷発行©

編　者　川田順造
発行者　藤原良雄
発行所　株式会社　藤原書店

〒162-0041　東京都新宿区早稲田鶴巻町523

TEL　03（5272）0301
FAX　03（5272）0450
振替　00160-4-17013

印刷・製本　中央精版印刷

落丁本・乱丁本はお取り替えします
定価はカバーに表示してあります

Printed in Japan
ISBN4-89434-518-8